工业设计基础理论通用教材

界面设计

吴旭敏 编著

U0249241

清華大学出版社
北 京

内 容 简 介

本书共 12 章，兼顾界面设计的理论与实践。第 1~2 章通过对界面设计研究范畴、移动应用界面设计风格发展史、界面设计流行元素变化趋势等内容的介绍，启发读者思考界面设计发展趋势和相关领域的联系与支持；第 3~12 章采用实例引导的方式，根据移动界面设计完成的顺序，分别讲解软件 Axure RP8、Adobe Illustrator、Photoshop 在界面原型设计、界面图标设计和界面美化方面的功能与方法，以及与内容相关的实例操作。

本书条理清楚、语言流畅，在内容组织上力求自然、合理、循序渐进，并提供了丰富的实例和实践要点，使读者更好地把握界面设计的特点，更容易理解所涉及的理论知识，掌握设计软件的应用。

本书可作为高等学校信息设计、交互设计及相关专业的教材，亦可作为相关从业人员的参考书。

图书在版编目（CIP）数据

界面设计 / 吴旭敏编著 . — 北京 : 清华大学出版社 , 2020.4（2025.5 重印）
工业设计基础理论通用教材
ISBN 978-7-302-54983-3

Ⅰ . ①界… Ⅱ . ①吴… Ⅲ . ①人机界面 – 程序设计 – 高等学校 – 教材 Ⅳ . ① TP311.1

中国版本图书馆 CIP 数据核字 (2020) 第 030557 号

责任编辑： 冯 昕 赵从棉
封面设计： 常雪影
责任校对： 王淑云
责任印制： 丛怀宇

出版发行： 清华大学出版社
  网 址：https://www.tup.com.cn，https://www.wqxuetang.com
  地 址：北京清华大学学研大厦 A 座 邮 编：100084
  社 总 机：010-83470000 邮 购：010-62786544
  投稿与读者服务：010-62776969, c-service@tup.tsinghua.edu.cn
  质量反馈：010-62772015, zhiliang@tup.tsinghua.edu.cn
印 装 者： 北京博海升彩色印刷有限公司
经 销： 全国新华书店
开 本： 210mm×285mm 印 张：12.75 字 数：352 千字
版 次： 2020 年 5 月第 1 版 印 次：2025 年 5 月第 7 次印刷
定 价： 69.00 元

产品编号：084356–02

前　言

移动界面设计的发展与移动互联网技术发展紧密联系，去中心化、广泛化应用是趋势，读者在学习界面设计时，不仅需要掌握界面元素的设计制作，还需要系统掌握界面设计的设计原则、结构设计、视觉表现以及各个环节之间的联系。本书基于以上的考虑，按照独立进行移动界面设计的流程，从设计目的制定到设计方法选择，从流程图原型设计到视觉效果表现，较为完整地讲解了设计思路以及所使用的设计工具，以便很好地兼顾设计理论与设计结果。

本教材的第 1 章、第 2 章介绍了移动界面相关设计原则和设计实践，涉及界面设计发展历程、界面设计风格和影响设计趋势原因等内容。具体的设计实践在第 3~12 章中分别讲述，针对设计过程不同的侧重点，介绍相对成熟和业内通用的设计工具，对界面原型设计、界面图标设计和界面美化设计软件进行讲解，结合实例详细讲述制作要点和流程。读者可以根据讲解步骤，掌握相关知识，灵活运用软件进行界面制作，从而在理论高度上总览界面设计的特点、发展，在实践上分类选择各种界面设计方向，有目的、有计划地学习。

书中以移动界面为设计对象，理论部分包括界面设计研究范畴、移动应用界面设计风格发展史、界面设计流行元素变化趋势、界面设计流程与模式；实践操作部分包括界面结构设计、界面图标设计、界面视觉设计和界面动态效果设计等。

书中兼顾理论输出与实践操作，从流程图原型设计到视觉效果表现，论述新技术对界面设计的影响，选择专业常用设计软件，详细介绍了 4 种设计软件的使用方法，结合实例有效地开展设计实践，并在有的章后给出思考题或课后练习，希望能够帮助读者从中找到必然的规律和遵循的法则，为未来的设计提供一些思路。

书中配备数字文件，每章的实例源文件以及图片素材都包含其中，读者可以按照书中内容，配合二维码素材进行实例练习和创作。

由于时间仓促，编者水平有限，书中缺点和错误在所难免，恳请专家和广大读者不吝赐教。

作者
2019 年 8 月

目　录

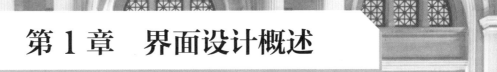

第1章　界面设计概述

本章重点： 界面设计基本概念。

教学目标： 通过本章的学习，了解界面设计基本原则、界面设计研究范畴和界面设计平台及设计风格。

课前准备： 课前预习本章所讲内容。

教学硬件： 多媒体教室、计算机教室。

学时安排： 本章建议安排4个课时，任课教师也可根据实际需要安排。

本书以移动通信设备界面作为界面设计的教学切入点，所有理论设计和实际操作主要针对移动应用界面设计。

1.1 绪论

本节内容旨在帮助大家理清界面设计的概念、客户端界面设计内容、界面设计分类和界面设计目标等。

1. 界面设计的概念

图 1-1 界面设计适用领域关系图

UI 设计指对软件的人机交互、操作逻辑、界面美观的整体设计。UI 是英文 user interface 的缩写，直译为用户界面，亦可称为人机界面。通常指计算机应用程序或操作系统中用户与计算机或软件进行交互的视觉部分，是在软件或计算机化设备中以外观或样式为重点的接口制作过程。通过界面确定如何向计算机或程序发出命令以及如何在屏幕上显示信息，界面是系统和用户之间进行交互的媒介，用于实现信息的内部形式与人类可以接受形式之间的转换。

从广义上来说，有针对家用电器的界面、工业设备界面、计算机操作界面、网站应用界面、移动通信应用界面、软件操作界面等（见图 1-1），而狭义的界面设计特指针对移动应用设备应用进行的设计。本书重点讲述移动通信应用界面的理论设计和实际操作方法。

UI 和 GUI：一般概念中，UI 包括所有用户（user）与机器（machine）打交道用的界面接口（interface）；GUI 是指在计算机（computer）出现后，在屏幕上使用图形界面来帮助用户与机器打交道用的界面接口，泛指在计算机上所作的界面设计。在 IT 互联网行业中，两者没有根本差别。

UID：用户界面设计（user interface design）指的是在用户体验和交互的指导下对计算机、电器、机器、移动通信设备、软件或应用以及网站进行的设计，设计内容包含对软件的人机交互、操作逻辑、界面美观的整体设计。

界面设计师（user interface designer）：指从事软件的人机交互、操作逻辑、界面美观整体设计工作的人。不管是汽车中的仪表板计算机、移动应用程序、视频游戏、网站还是虚拟现实界面，界面设计师就是使这些交互成为可能的人。随着移动应用的爆炸、硬件的商品化、对移动 UI 设计兴趣的增加以及对创新桌面应用的持续需求，人们对 UI 设计者的需求越来越多。

App/客户端：在智能手机领域中，App 指的是应用程序。客户端是 App 的另一种叫法，也可以连在一起，称作 App 客户端。图 1-2 中每一个图标代表着一个 App。这些 App 都是为了达到一个特定的用途而创造出来的，如休闲消除游戏宾果消消乐，随时随地发现新鲜事的新浪微博，大型视频网站爱奇艺，推荐有价值的、个性化的信息的今日头条，即时通信软件 QQ、微信等。

 宾果消消乐 新浪微博 爱奇艺 今日头条 QQ 微信

图 1-2 客户端 App 图标

2. 客户端界面设计内容

界面设计包括界面结构设计、界面原型设计、界面图标设计、界面动态效果（界面动效）设计和界面美化设计。

（1）界面结构设计：包括 App 中各界面的信息层级关系以及界面内需明确传达的各元素间的关系，这种关系包含界面中元素的组合、层级、分割等。通过结构设计确保产品逻辑和合理的导航结构。

（2）界面原型设计：通过原型设计演示 App 的功能，展示一个简单的可视化操作界面。

（3）界面图标设计：图标是界面间相互链接，完成信息传递的关键内容。界面图标分为标志与按钮，用户通过形状和色彩了解操作界面中图标的分类。通常界面中工具栏的图标需要与文字信息相结合使用。图标除了具备功能价值，还会起到传递品牌属性的宣传作用。

（4）界面动效设计：指通过清晰、准确、简洁的表达实现人机交互，形象地描述当前情境，帮助用户理解上下文、知道当前所在位置。

（5）界面美化设计：直接影响到用户体验度，会给用户留下最直观的第一印象。

一个完整的 App 界面通常由多个页面组成。在有些设计软件，比如 Axure PR 中，会直接以"某某页面"称呼。本书中界面泛指所有界面设计内容，具体到某个实际界面，有时称为"某某页面"，比如第 5 章中的"探索"页面等。

3. 界面设计分类

界面设计分类标准各不相同，这里我们分为以下三种：

（1）以功能实现为基础的界面设计。交互设计界面最基本的性能是具有功能性与使用性，通过界面设计，让用户明白功能操作，并将作品本身的信息更加顺畅地传递给用户。

（2）以情感表达为重点的界面设计。通过界面给用户一种情感传递，使用户在接触作品时产生感情共鸣，强调用户在接触作品时的情感体验。

（3）以环境因素为前提的界面设计。通过历史、文化、科技等元素，营造界面的环境氛围，对信息传递产生特殊的影响。

4. 界面设计目标

用户界面设计是一项涉及构建用户体验的重要内容。界面设计的目标是创造用户易于使用和愉悦的设计，界面设计不仅要让软件变得有个性、有品味，还要让软件的操作充分体现软件的定位和特点，使用户在完成自己的任务时与被设计对象之间的交流尽可能地简单和高效。

在界面设计中，彻底了解用户完成任务所处的环境十分必要，界面需要帮助用户直接、毫不费力地实现目标，使用户尽量忽略必须使用控件与设备进行交互；又或者增加界面设计中的"可爱性"，使用户在使用中感觉舒适、简单、自由，能够充分沉浸在完成任务的过程中，而不是把精力花费在对系统的操作的理解上。

1.2 界面设计基本原则

1. 提高用户界面设计质量原则

移动应用界面刚刚出现在大众面前的时候，引导用户对新产品、新界面的认识和理解是最重要的，因此界面的可用性研究比较成熟。针对以可用性为中心的界面设计理论，Constantine 和 Lockwood[1] 描述了一系列提高用户界面设计质量的原则，归纳起来有以下几点。

（1）结构原则。通过应用的目的、意义和可用性判断，建立逻辑清晰、结构一致、易于识别的结构模型。模型中将关联性强的内容放在一起，并在形式上相似，与不相关的内容进行区分。结构原理与整个用户界面的体系结构有关。

（2）简单性原则。设计能够使简单、通用的任务简单易行，使用用户熟悉的语言进行交流，提供良好的快捷方式。

（3）可见性原则。设计应该使完成给定任务的所有需要的选项和材料可见，避免额外冗余信息干扰用户注意力。

（4）反馈原则。通过用户熟悉的、清晰、简洁和明确的语言向用户传递信息。让用户了解当前的状态、条件的变化、错误或异常，帮助用户作出判断和决定。

（5）容错原则。界面设计应该是灵活和容错的，通过允许撤销和重做来减少错误和误用的成本，界面容错性设计通过解释所有合理的操作来尽可能地防止错误，使交流更加流畅。

（6）重复使用原则。界面中的设计元素、行为顺序要重复使用，保证完成任务的一致性，减轻用户思考和记忆的负担。

移动应用程序界面设计包括许多移动 UI 设计指南和设计原则，它们中的一些是通用的，可以应用于所有应用程序，而另一些则针对特定的业务领域。除此之外，每个平台都有自己的原则，比如在移动应用程序系统中，应该考虑到 Android 的设计原则可能与 iOS 不同。

2. 以用户为中心的界面设计原则

随着移动应用迅速普及，用户需求越来越受到重视，以用户为中心（user-centered design）的界面设计方法广泛地运用到了界面设计中。"以用户为中心的设计"一词起源于唐纳德·A.诺曼在加利福尼亚大学圣地亚哥分校的研究实验室，它与其他产品设计理念的主要区别在于，以用户为中心的设计试图围绕用户能够、想要或需要如何使用产品来优化产品，而不是强迫用户去适应[2]。诺曼认为，一个好的产品设计应该做到：

（1）简化任务的结构，使得可能的动作在任何时刻都是直观的；

（2）使事物可见，包括系统的概念模型、动作、动作的结果和反馈；

（3）在预期的结果和所需的动作之间获得映射；

（4）能够足够支持和利用系统的约束。

确保设计以用户为中心的原则是[3]：

（1）该设计基于对用户、任务和环境的明确理解；

（2）用户参与整个设计和开发过程；

（3）设计以用户为中心的评价驱动和细化；

（4）这个过程是迭代的；

（5）该设计解决了整个用户体验。

1.3 界面设计研究范畴

1.3.1 网页 UI 设计

网页 UI 设计根据网站需要传递的信息（包括产品、服务、理念、文化），确定布局、颜色、文本样式、结构、图形、图像以及向用户提供界面的交互式功能的使用。网页设计一般分为三大类：功能型网页 UI 设计（服务网站或软件用户端）、形象型网页 UI 设计（品牌形象网站）、信息型网页 UI 设计（门户网站）。

图 1-3 所示的网页登录界面和图 1-4 所示的部分主界面，包括安装引导界面等都属于功能型网页。

（a）百度登录界面　　　　　　　　　　（b）个人数字图书馆登录界面

图 1-3　网页登录界面

| （a）福昕 PDF 阅读器主界面 | （b）百度网盘主界面 |

图 1-4　网页主界面

图 1-5 所示为形象型网页界面，其中图 1-5（a）所示为纽约大都会艺术博物馆（MET）首页，提供各类珍贵文物和艺术品的赏析；图 1-5（b）所示为 MARVEL 官网，展示漫威人物视频等。这类网站界面倾向于形象型网页，重点以介绍相关内容和突出展示自身形象特点为目的。

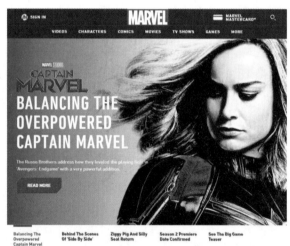

（a）纽约大都会艺术博物馆首页　　　　　　　（b）MARVEL 官网

图 1-5　形象型网页界面

图 1-6 所示为信息型综合门户网站，这类网站首页提供综合性互联网信息资源，分类较多，信息量大，包含内容全面，并提供有关信息服务的应用系统。

图 1-6 信息型综合门户网站

1.3.2 移动端 UI 设计

移动端 UI 设计指专门针对智能手机和平板电脑的应用界面的设计。

图 1-7 展示了两款移动端 App 界面，常见的移动应用有：最简单的预安装应用程序，包括日历、笔记、录音机等；具备 GPS 定位功能的程序，包括地图、导航、天气等；社交应用程序，包括 QQ、微信、豆瓣等；多媒体工具应用程序，用于捕获、编辑和查看图像，播放音频和视频文件，存储这些文件并在社交网络中共享，包括美颜相机、爱剪辑、快剪辑等；游戏类应用程序，包括棋盘游戏、纸牌游戏、拼图和教育游戏、动作和运动、策略和 RPG 等；休闲和生活方式应用程序，致力于自然、历史、时尚、健康和园艺等方面。

（a）QQ 音乐 　　　　　（b）问画

图 1-7 移动端 App 界面

1.3.3 智能设备 UI 设计

智能设备包括具有内部计算能力的机器、仪器或任何其他设备。目前智能设备的种类很多，包括个人和手持计算机、汽车、家用电器、地质设备、医疗仪器和设备、飞机、武器、照相机、可穿戴设备等。图 1-8 所示为人工智能产品界面，图 1-9 所示为医疗健康智能设备界面，图 1-10 所示为智能冰箱，图 1-11 所示为智能魔方。

1.3.4 游戏及其他领域 UI 设计

游戏界面指游戏和玩家之间的界面。在电子游戏中，通常认为界面是用户阅读的屏幕上的视觉组件（动画、文字、声音、文本等）和用户交互的视觉区域（移动的角色、按下的按钮等）。图 1-12 所示为智能游戏界面。

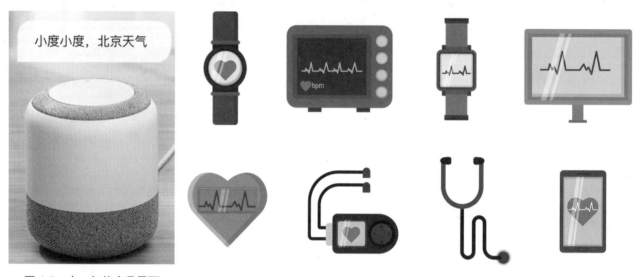

图 1-8　人工智能产品界面　　　　　　　　图 1-9　医疗健康智能设备界面

图 1-10　智能冰箱　　　　　图 1-11　智能魔方　　　　　图 1-12　智能游戏界面

1.4 界面设计平台及设计风格

1.4.1 智能手机及其平台发展历程

移动界面的发展和智能手机及其使用平台的发展历程密切相关。

智能手机的发展大致可分为 20 世纪 90 年代智能手机刚刚问世的"黎明期"、2000—2006 年商务智能手机繁荣发展的"商用机扩大期",以及 2007 年以后逐步走进普通消费者视野的"大众普及期"。本书所讲的移动界面设计是指 2007 年以后的智能手机界面设计。

2007 年 1 月,苹果公司首席执行官史蒂夫·乔布斯(Steve Jobs)发布了 iPhone 手机,搭载苹果公司研发的 iOS 操作系统,见图 1-13。这款手机配有几乎所有操作都以触摸屏完成的用户界面,基本与个人电脑相同的 Web 浏览器和电子邮件服务,以及与 iTunes 联动的音乐播放软件等,从而将智能手机提高到任何人都可以使用的水平。虽然第一代 iPhone 缺少对 3G 的支持,只能通过 Web 发布应用程序,但是其以简洁美丽的外观、流畅的操作系统受到广大用户的极度欢迎,iPhone 引领智能手机进入了市场的爆发期。

图 1-13 第一款 iPhone

2007 年 11 月,谷歌宣布免费提供 Android 手机操作系统,任何人都可以使用并改变它。默认情况下它可以进行搜索、电子邮件和视频服务。Android 的主管安迪·鲁宾(Andy Rubin)认为将会有成千上万的谷歌手机(指搭载 Android 系统的手机)。

2008 年 10 月,苹果公司宣布,它在夏季销售了 470 万部 iPhone,占智能手机市场的近 13%。

2008 年 11 月,第一部 Android 手机 G1 面世(见图 1-14),它有一个滑出式键盘,具有有限的触摸屏功能。

图 1-14 第一部 Android 手机

2008 年 12 月,微软开发出一款全新的移动操作系统 Windows Phone。

2010 年 2 月,出现了与 iPhone 一样的全触摸屏互动 Android 手机。

2010 年,苹果推出 iPhone 4,成为世界上最热卖的智能手机。同时,Android 阵营不断扩大,成为全球第一大智能手机操作系统。

2011 年 1 月,加特纳(Gartner,IT 咨询公司)和 IDC(互联网数据中心)宣布,在 2010 年的最后三个月里,智能手机在全球的销量超过个人电脑——分别是 1 亿台对 9300 万台。

2016 年第四季度,iPhone 智能手机销量达到 7830 万部。然而,Android 的开放架构允许它被整合到众多开发者的手机中,它拥有更广泛的为操作系统生产手机的制造商。

1.4.2 移动应用界面设计风格发展历程

许多应用在开始时是作为一个网页应用提供服务的，在 Web 2.0（2003—2010 年）期间，界面上会设计超大尺寸的图形训练用户"单击这里"和"学习更多"，以指引用户正确使用。

（1）拟物设计（2010—2012 年）：即界面设计提取设计对象的功能特征，是一种把物体的视觉特性融入数字设计的设计风格。并以装饰的方式重新创造它们，目的是唤起与应用程序、小部件、工具等熟悉的感觉。并以纹理、光和颜色相结合，创造一种深度感和现实感。

（2）扁平化设计（2012—2014 年）：其特点是消除了用户界面中没有显著价值或用途的图形元素，简洁是关键，避免使用渐变、纹理、浮雕等装饰元素。这种风格利用开放空间、明亮的颜色、锐利的边缘和二维插图，重点强调可用性。省略复杂的图形意味着用户较少分心，并且可以专注于内容。这种样式适合所有类型的应用程序，无论是在桌面上还是在移动屏幕上查看，平面设计都清晰易懂、适应性强。

（3）Material Design（2014—）：这是 Google 2014 年发布的全新的设计语言，这种设计语言旨在为 Android 手机、平板电脑、台式机和"其他平台"提供更一致、更广泛的"外观和感觉"的全平台设计语言规范。其设计特点包括：材质隐喻、大胆夸张、动效表意、灵活、跨平台。

App Store 刚推出时，呈现玻璃质感的闪亮图标方兴未艾，随着 iOS 应用程序的成熟和 UI 审美趋势的发展，光泽图标统治的时代已经一去不返。随着设计者和开发人员不断更新指导方针和进行更多的设计实践，丰富的细节和更为克制的色彩选择已经慢慢成为新的趋势。

1.4.3 界面设计流行趋势变化

在遵循基本界面设计原则的基础上，每年都会有关于界面设计风格、布局、图标、字体、色彩搭配等元素的应用预测或总结，由于硬件的升级、平台的扩展、用户需求的提升等原因，界面应用种类丰富，设计风格变化多样，设计流行趋势会受到媒介、技术、时尚业和最近可用性的影响。下面列举 2018、2019、2020 三年的界面设计流行趋势。

1. 2018 年界面设计特征[4]

1）极简主义

这是 2018 年 UI 设计的顶级趋势之一，不过在留白空间会出现几何形状、流体等大胆的图形元素和令人愉悦的微互动。

2）表现性排版

2018 年简洁干净的布局占据主导地位，图像设计占据次要位置，大胆、明亮的字体占据界面中心。这种 UI 设计风格因为内容更容易找到，将提高可用性。此外，单页面往往加载更快。

3）明亮大胆的色调

界面设计中使用深粉色、鲜艳的绿色和温暖的黄色，利用鲜艳的颜色使文本更加可读，并给人界面充满活力的感觉。

4）无边界 UI 设计

新型的无边界（也被称为单页网站、无边或无限屏幕）屏幕布局已经到来。用户能够以简单、线性的方式浏览网站的所有内容，而无须切换屏幕，从而为用户提供不间断的、沉浸式的体验。尤其对移动应用程序，这是一个特别重要的用户界面设计原则，因为缓慢加载的页面通常会损害用户体验。

5）界面中的动画

界面中图标小动画和微交互为用户提供很好的反馈提醒效果，可以满足用户个性化和趣味化的体验感受。

2. 2019 年界面设计特征 [5-6]

1）图形图像设计

通过抽象几何图形，利用彩色渐变、蒙版叠加等手法，增加视觉层次和高级感；采用点、线、面元素形成穿插错落感，或者是利用品牌 LOGO 进行延展设计。

2）色彩纹理材质

邻近色与纹理叠加，彩虹渐变与多色彩融合，使用高饱和渐变色设计；在界面中使用可以反映真实生活的纹理背景，比如细致的纸张纹理、柔软的织物纹理或者粗糙的木材纹理等。

3）版式布局

使用层叠布局，卡片设计成为主流；出现了在卡片的沉浸式布局基础上，将多种字体、大小字号和不同的图案混合在一起的不规则布局，从而增加视觉冲击力。

4）动画设计

使用 3D 动画，一些应用中的启动页面，悬浮按钮做成趣味的小动图或使用视频，复杂性取代时尚成为动画的主要特征。AR、VR 虚拟现实界面设计起步。

5）插画

图标、LOGO 设计呈现微立体感、2.5D 立体感，在用户年轻化的趋势下，出现双色图标，扁平插画风开始流行。

3. 2020 年界面设计特征[7-8]

1）新拟物化

与扁平化设计相比，这种视觉风格有着更为良好的可访问性，开始具备更多拟物化的设计特征，更加新鲜、现代，并且更能渲染出独特的氛围感。

2）图形图像

界面中使用几何元素，既可以作为背景来使用，也可以作为装饰细节，让设计越来越有趣；使用抽象而不规则的图形，让界面显得更加不拘一格和好玩。

3）柔和色彩和弥散的阴影

使用色调柔和的背景，让整个设计都显得现代而沉静；在 UI 设计领域，渐变无论是应用在背景还是 UI 元素（比如按钮、卡片和图形）上，视觉效果会显得更加微妙柔和。有的设计师会使用双色渐变，并且结合模糊效果，让它更加柔和。柔和的弥散阴影在美学上更加令人愉悦，阴影会让 UI 元素的"可点击感"更强，并且有助于区分界面中的层次结构。

4）版式布局

使用非标准的倾斜排版布局方式来呈现 UI 界面，在实际设计中，绝大多数情况下都会挑选 30°~50° 之间的倾斜角度。网格化是一切设计系统的基础，网格化布局（grid design）是 2020 年非常重要的一个工具。界面设计黑夜模式减少用户眼睛疲劳，便于用户在深夜更轻松地浏览界面信息。

5）字体插画

更加讲究字体的可读性，字体的外轮廓大体趋近于正方形，外观显得更加大气而现代。界面元素选择插画，很多插画都采用了相对扁平的风格，或者选择模拟类似 3D 的视觉外观。

6）动画

应用程序里使用 3D 动画来展示产品，更加贴近真实物理环境，贴近我们的生活，动画除了有趣外，对于用户有很强的指导性。

从以上列举的连续三年界面设计流行趋势看，每年会延续上一年的设计趋势，同时会增加一些新的变化，近两年卡片式布局、运用插画和功能性动画界面设计是大趋势。

1.4.4 移动应用界面设计人才需求

界面设计师已经不再是传统意义上单一的某一专业的设计师（不仅仅是平面设计、动画设计、产品设计等），而需要更广泛的多学科（心理学、营销等）多方位复合型人才。

（1）懂需求。界面设计需求的范围更加广泛，包括理解用户需求、考虑用户使用的需要、考虑用户行为进行设计的需要以及建立整体美学的需要等。

（2）具备个性化设计能力，设计师个人属性崛起。界面设计需要摆脱规范的限制，摆脱扁平化的需求，设计师的平面设计能力、手绘造型能力以及创意表达能力得到空前的重视。

（3）会代码。设计师要懂代码，能建站，设计理念不再局限于只能看的图，而是要通过代码实现，做一个全能的界面设计师。

（4）会特效。做动效、会建模，加动画剧情使界面更加吸引用户。

从早期用来聊天的"手机"到如今转变为多媒体工具的"移动设备"，智能手机不仅用于通信，而且是学习、社交、娱乐的多功能设备。针对移动应用的程序开发需求越来越多，形式越来越多样。

移动应用的界面设计从最开始对应用程序的外观和工作方式的探索，到逐步形成各个类别的独特方式，更发展出独特的风格和个性。随着技术带来的硬件迭代，设计的差异化体现逐渐从静态图形转向动画和动态界面，从单一平台界面转向适应跨平台界面。

界面设计最终需要跨学科、多方位、复合型人才。

文中参考文献

[1] CONSTANTINE L L, LOCKWOOD L A D. Software for use: a practical guide to the models and methods of usage-centered design[M]. New York: Addison-Wesley Professional, 1999.

[2] NORMAN D A, DRAPER S W. User-centered system design: new perspectives on human-computer interaction[J]. Journal educational computing research, 1987, 3(1):129-134.

[3] MORVILLE P, WEB L R. 信息架构：设计大型网站 [M]. 3 版 . 北京：电子工业出版社，2008.

[4] UI Design and Prototyping. UI design principles 2018: the new rules[EB/OL]. [2019-01-03]. https://www.justinmind.com/blog/ui-design-principles-2018-the-new-rules/.

[5] 2019 UI and UX design trends[EB/OL]. [2021-11-03]. https://shakuro.com/blog/2019-ui-and-ux-design-trends/.

[6] 2019 年 Dribbble 上最流行的 6 种 UI 设计趋势 [EB/OL]. [2021-11-03]. https://www.25xt.com/article/58560.html.

[7] User interfaces 2020: top 10 UI design trends for web and mobile[EB/OL].[2021-11-03]. https://blog.icons8.com/articles/ui-design-trends/.

[8] UI trends 2020: what's in Store? [EB/OL]. [2021-11-03]. https://www.toptal.com/designers/ui.

推荐阅读文献

[1] 诺曼 . 设计心理学 [M]. 北京：中信出版社，2010.

[2] 李乐山 . 人机界面设计：实践篇 [M]. 北京：科学出版社，2009.

[3] 尼尔森 . 可用性工程 [M]. 刘正捷，译 . 北京：机械工业出版社，2004.

[4] NIELSEN J. 10 usability heuristics for user interface design[EB/OL]. 2013-7-11 [2019-05-11]. https://www.designprinciplesftw.com/collections/10-usability-heuristics-for-user-interface-design.

[5] 布托 . 用户界面设计指南 [M]. 陈大炜，译 . 北京：机械工业出版社，2008.

[6] 克拉姆利什 . 社交网站界面设计 [M]. 樊旺斌，译 . 北京：机械工业出版社，2010.

[7] 泰德维尔 . 界面设计模式 [M]. 蒋芳，译 . 北京：电子工业出版社，2013.

[8] SCOTT B, NEIL T. Designing web interfaces: principles and patterns for rich Interactions[M]. Sebastopol, CA: O'Reilly, 2009.

[9] NEIL T. 移动应用 UI 设计模式 [M]. 2 版 . 田原，译 . 北京：人民邮电出版社，2015.

[10] MATHIS L. 亲爱的界面：让用户乐于使用、爱不释手 [M]. 2 版 . 杨文梁，译 . 北京：人民邮电出版社，2018.

[11] 克里希那 . 无界面交互：潜移默化的 UX 设计方略 [M]. 杨名，译 . 北京：人民邮电出版社，2016.

思考题

1. 说明设计平台对移动界面设计风格的影响和趋势。
2. 移动界面的可用性设计原则是什么？
3. 移动界面设计需要什么样的人才？

第 2 章　界面设计流程与模式

本章重点： 界面设计流程与设计模式。

教学目标： 通过本章的学习，了解界面设计常用流程，以及界面结构、界面交互和界面视觉表现等设计内容。

课前准备： 课前预习本章所讲内容，熟悉一种或几种移动应用。

教学硬件： 多媒体教室、计算机教室。

学时安排： 本章建议安排 4 个课时，任课教师也可根据实际需要安排。

2.1 UI 设计工作流程

用户界面的工程和设计包括以下三个阶段：结构设计、交互设计和视觉设计（见图 2-1）。根据设计目标，每个阶段可以缩小或扩展，三个阶段在实施过程中不会截然分开或者严格遵守某种顺序。

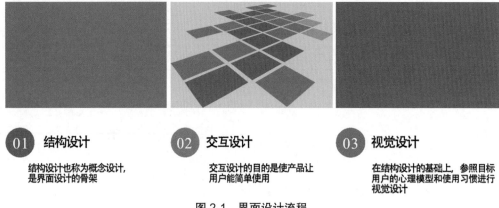

01 **结构设计**
结构设计也称为概念设计，是界面设计的骨架

02 **交互设计**
交互设计的目的是使产品让用户能简单使用

03 **视觉设计**
在结构设计的基础上，参照目标用户的心理模型和使用习惯进行视觉设计

图 2-1 界面设计流程

2.2 结构设计

结构设计（structure design）也称为概念设计（conceptual design），是界面设计的骨架，结构设计构筑了产品内容设置和运行实施的基础，通过用户研究和任务分析，概述产品的潜在用户操作能力、初始业务的功能需求和限制，制定出产品的整体架构。具体内容包括：用户浏览时遵循的路径（流程图表达），概述产品界面的模式（界面模式原型表达）。

结构设计的设计表现多以流程图和界面原型的形式表达，流程图针对整个 App 的信息架构设计，界面原型针对单个界面的结构设计。根据用户使用频率和用户类型重要性排序，设计提供最佳功能、内容和用户交互场景的信息体系结构以及导航界面，在流程图和原型上表现为关键屏幕界面形式及其层级关系、界面排列位置、界面优先级、界面信息形式和内容、图形和功能元素的要求等。

好的结构设计能使界面信息传达更加清晰、快捷。结构设计阶段完成后，基于纸质的低保真原型（paper prototype）可提供给用户用于测试完善。

2.2.1 界面流程图设计

App 流程图的层级主要根据内容确定，比如懒人看书阅读 App（见图 2-2）共两个层级，主要内容导航在第 1 层级展示，第 2 层级导航少。

网易新闻 App（图 2-3）作为综合类新闻资讯平台，阅读方式较多，内容种类较多，互动形式较多，层级分配也较多。

图 2-2　懒人看书 App 流程图

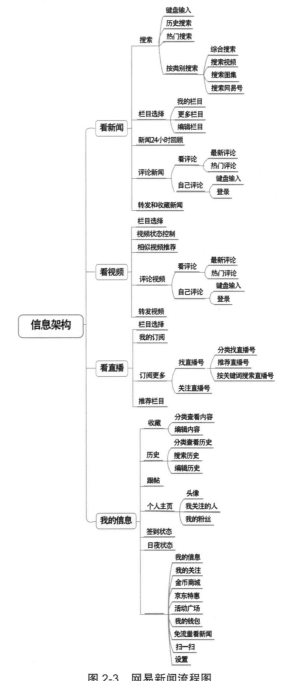

图 2-3　网易新闻流程图

2.2.2 界面模式原型设计

App 界面原型常见的模式有跳板式、选项卡式、陈列馆式、列表式（见图 2-4）等，在这些基本模式的基础上，又发展出如超级菜单式、页面轮盘式、扩展列表式等模式，这些模式在同一 App 中可以同时使用，也可以重复使用，成为一级导航、二级导航甚至三级导航，这样就形成了丰富多彩的界面结构形式。根据首页中一级导航的分类，我们选择性地将几种常见类型的原型进行比较分析。

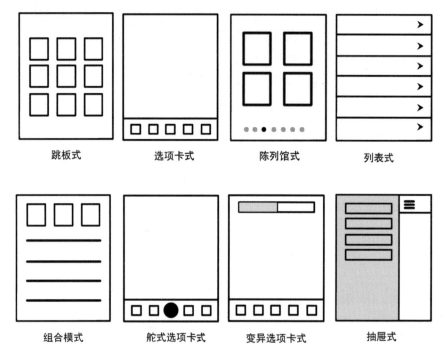

图 2-4　几种常见界面模式

1. 跳板式

跳板式界面由多个跳板选项组成，每一个选项对应不同的功能，用户单击任何一个选项，将直接跳转到相应的内容页面上，一目了然，方便实用。跳板多采用宫格式布局，在实际设计中可根据内容变化布局。

图 2-5 中的测量工具界面是跳板式的一种变化，在宫格排列原则基础上分类排列，整齐有序，逻辑清晰。

图 2-6 所示的群 Play 界面根据信息重要程度、跳板大小位置重新进行排列，富于变化，充满韵律。

跳板式可以和其他模式结合。如图 2-7 所示，有道口语的主界面中心部分由四个跳板选项组成，提供了练习、课程、社交和拓展功能，可满足用户学习口语的不同需求，使其快速找到自己感兴趣的内容；下方是扩展式列表，扩充了界面内容选项。

图 2-8 所示为肯德基自助点餐跳板式界面，界面上方放置了诱人的食物大图片，下方单列跳板，不仅有食物图片，还有食物的名称、价格、优惠、数量等信息，扩充了跳板信息容量。

跳板式界面形式上突破不大，应用上往往限于功能性较强的 App。

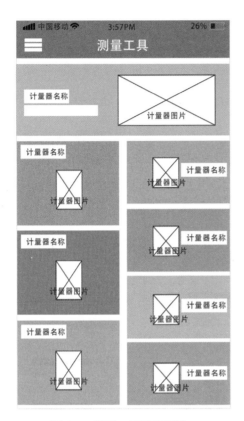

图 2-5　测量工具界面原型

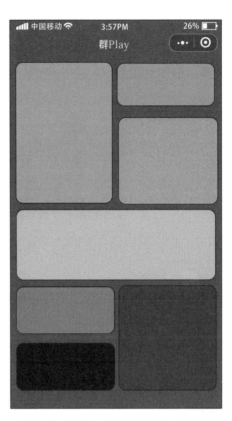

图 2-6　群 Play 首页结构设计界面原型

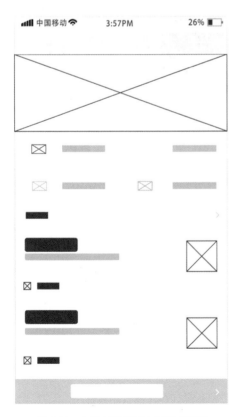

图 2-7　有道口语跳板式界面原型

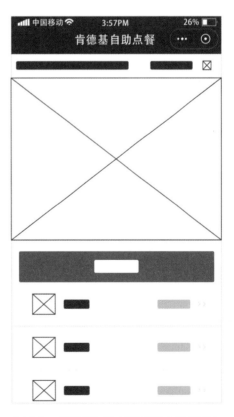

图 2-8　肯德基自助点餐跳板式界面原型

2. 选项卡式

网易首页界面一级导航和二级导航采用的都是选项卡式，选项卡式的界面特点是能够在页面上显示较多的导航内容，网易 App 正是通过这种模式向用户传递了更多的信息。图 2-9 显示了网易首页模式原型及其对应的最终界面效果图。

图 2-10 所示为 QQ 首页原型，页面上主导航是选项卡式。从应用实例分析可以知道，在界面信息较多时，可以优先考虑选项卡模式。

网易一级选项卡导航形式发生了变化，如模式图例中的舵式选项卡，见图 2-11，正中心的选项用突出的设计形式，当几个同级选项需要一个非常重要且频繁操作的入口时，就可以采用这样的 App 导航模式。网易首页的中间选项是变化的，它与其他选项在逻辑上不属于同一导航类别，可以通过这个图标直接进入最新推广栏目，多为限时推广活动的入口。

图 2-9 网易首页结构模式原型及最终界面 　　　　　　　　　　 图 2-10 QQ 首页原型

图 2-11 变化的选项卡——舵式选项卡

3. 陈列馆式

此种模式在形式上与跳板式相似，但布局形式比跳板式更丰富，组合形式更加随意，还常常加入动画形态，比如轮盘转动、瀑布流等；在内容上，陈列馆式单击后显示实时内容，下面不再有层级出现。陈列馆式适用于修图软件或博物馆等在线展览 App，可以较清晰地展示内容，适合内容主导 App，对于综合类 App 不是很实用。如图 2-12 所示的阅读排行界面原型、图 2-13 所示的美图秀秀界面原型、图 2-14 所示的美颜相机界面原型和图 2-15 所示的豆瓣电影界面原型都是典型的陈列馆式布局。

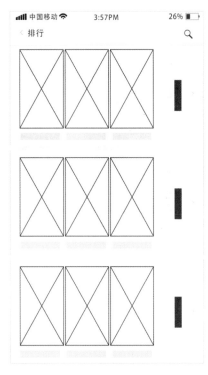

图 2-12　阅读排行界面原型

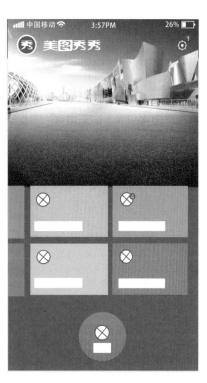

图 2-13　美图秀秀界面原型

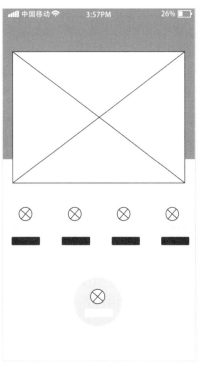

图 2-14　美颜相机界面原型

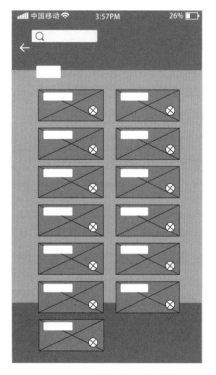

图 2-15　豆瓣电影界面原型

陈列馆式布局的优点：①可以直观展现各项内容；②方便浏览经常更新的内容。

陈列馆式布局的缺点：①不适合展现顶层入口框架；②界面内容容易过多，显得杂乱。

4. 列表式

列表式设计常常使用标题加正文的格式，以固定的纵向列表的方式展示，结构清晰，一行一项特定显示，在有限的空间中展示更紧凑的内容，有助于用户快速浏览选择，它在信息查找获取方面更具优势。列表式适合提醒事项、邮件、截止日期等应用，功能列表明确易操作，是注重效率性的 App 的首选，一般此类 App 体积较小，功能性强。

Fancydays 的首页列表显示倒计时日期，首页原型图和设计效果图见图 2-16。最重要的日期倒计时以较大字体显示在页面上部中心位置，重点突出，内容醒目。下方为扩展式列表，每个单项由内容图标、内容名称和时间、倒计日期组成。列表信息和上部重要信息一致，既保持了信息内容的一致性，又突出了关键信息。

Message 信息列表内容丰富，信息分为四个层级：大标题、信息标题、内容缩略、时间。图 2-17 所示为 Message "信息" 原型图及其设计效果图，相比传统列表菜单展示的内容更多，用户无须单击进入就能尽可能多地了解全文（但不是展示所有文字内容），还可以随意滑动页面找寻自己感兴趣的内容。

图 2-18 所示为联系人界面列表原型图及设计效果图。联系人界面为增强列表，界面上除了以传统形式列表显示联系人相关信息外，还在列表上方显示搜索框，在搜索栏输入关键词可迅速获得结果；右侧增加联系人首字母，方便直接搜索和通过拼音首字母快速找到联系人。这种设计方式加强了界面搜索功能，对于通讯录之类形式简单、数量众多的选项，功能明确，简洁明了。

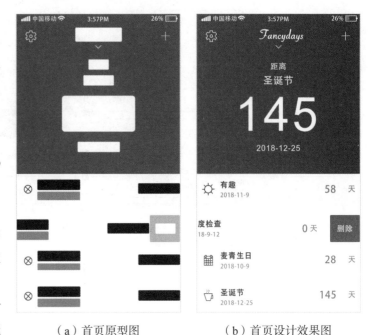

（a）首页原型图　　　　（b）首页设计效果图

图 2-16　Fancydays 首页界面

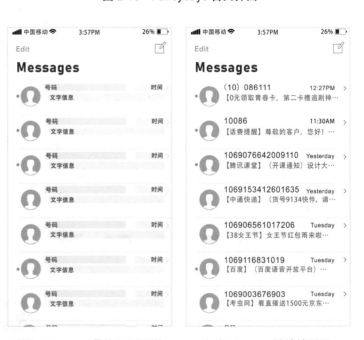

（a）Message "信息" 原型图　　（b）Message 设计效果图

图 2-17　Message "信息" 界面

（a）联系人界面列表原型图　　　（b）联系人设计效果图

图 2-18　联系人界面

5. 其他

　　界面导航形式多样，有些工具类应用简单直接，界面设计也充分体现了简洁便利、易于理解、直接使用的特点。如系统"录音"工具见图 2-19，只有一个界面原型（见图 2-19（a）），包括两个页面，一个是首页页面（见图 2-19（b）），一个是正在录制页面（见图 2-19（c）），两个页面的区别是：打开首页页面录音时间显示为 0，下方最后一个按钮是"录音记录"；录制页面实时显示录音时长，下方最后一个按钮是"完成"。

　　"指南针"界面与此类似，只有一个界面原型和两个页面，见图 2-20。转动手机让小球滚动进行校正，校准后显示手机所指示方位，中心大图基本显示指示方位，界面下方显示具体标注方位，既有形象化展示，又有精确标注，以满足不同需求。

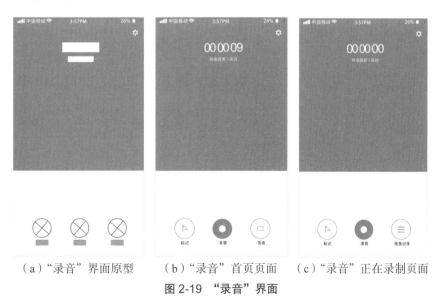

（a）"录音"界面原型　　　（b）"录音"首页页面　　　（c）"录音"正在录制页面

图 2-19　"录音"界面

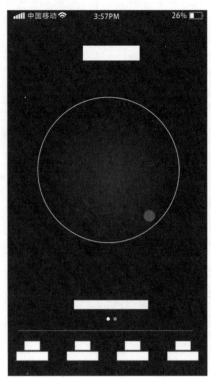

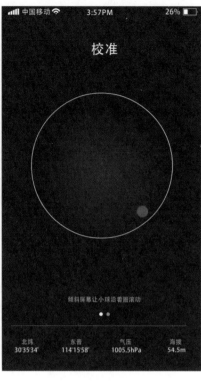

（a）"指南针"界面原型　　　　　（b）"指南针"校准页面　　　　　（c）"指南针"指示页面

图 2-20　"指南针"界面

2.3　交互设计

任何产品功能的实现都是通过人和机器的交互来完成的，交互设计（interactive design）的目的是让产品容易使用，因此人的因素应作为设计的核心被体现出来。成功的交互设计具有简单、明确的目标，强烈的目的和直观的屏幕界面。

2.3.1　手势互动

移动应用支持多点触控，用户使用手指手势单击或滑动交互，手势操作的应用降低了人与物理设备之间沟通的门槛，学习成本很低。人们最常做出的手指形态如图 2-21 所示，设计师根据人的行为习惯，设计了多种手势交互方式，图 2-22 列举了部分交互手势。以上手势针对右手习惯的用户，反之，左手用户也适用以上设计。

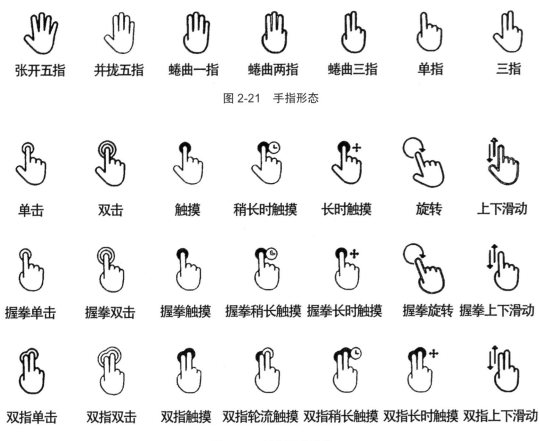

图 2-21　手指形态

张开五指　并拢五指　蜷曲一指　蜷曲两指　蜷曲三指　单指　三指

单击　双击　触摸　稍长时触摸　长时触摸　旋转　上下滑动

握拳单击　握拳双击　握拳触摸　握拳稍长触摸　握拳长时触摸　握拳旋转　握拳上下滑动

双指单击　双指双击　双指触摸　双指轮流触摸　双指稍长触摸　双指长时触摸　双指上下滑动

图 2-22　部分互动手势

2.3.2　界面跳转互动

　　界面之间的跳转互动方式很多，主要是通过导航触发，在结构原型设计中，只要跳转正确就可以了。但是，在实际设计中，设计师越来越多地进行了界面动画设计，使得界面间的互动转换形式各样、生动活泼。除了界面间的转换，动画还用在打开新应用的等待、更新内容的图标提示等方面。从应用功能上看，动画分为情感动画和功能动画。

　　界面动画可以从情感上减少用户等待时的焦虑，增加用户对界面内容的了解，更直接、快速地向用户传递界面应用的重要功能和最新更新；有效的界面动画能够巧妙地将形式与功能相结合，提高界面反馈性、帮助用户直接功能定位、显示界面选项之间的因果关系。在界面设计中使用正确类型的动画可以增强其合理性，使用户更容易理解和使用，动画设计不仅能充分体现软件应用的设计特点，还能加强用户体验的趣味性，并且对产品的感知价值有很大的影响，传递品牌的个性。

2.3.3　基于界面优化的交互设计原则

　　基于界面优化的交互设计原则如下：

　　（1）主次原则。界面上功能信息众多，设计中可以将功能分成不同的层次，把核心功能、亮点功能突出出来。采用隐藏或者弱化产品视觉来突出用户使用场景下的主要功能信息，次要功能则要拉开距离，通过留白、颜色对比等手段来设计，不要将界面全部填满功能信息。

（2）直接原则。指用户见到功能选项可以直接操作，用户意图和操作之间建立自然的匹配，不用通过界面跳转或者重新加载来实现。在设计上尽可能精简用户流程，减少用户输入，输入时提供尽量多的参考。

（3）统一原则。统一原则包括保持交互形式统一、交互逻辑统一、界面使用语言统一、信息架构统一、视觉元素统一。设计中保持设计风格的简洁统一和交互设计形式的简洁统一。

（4）反馈原则。界面在用户的每一步操作后给出即时、清晰、易懂的反馈信息，告知用户产品所处的状态，以便用户判断是否处于其期望的状态。设计中优先处理视觉界面，使用户能够感觉流畅地获取信息。

（5）对称原则。指在交互设计中保持对称，例如前进、后退、刷新、停止、撤销、重做、关注、取消关注、喜欢、取消喜欢，正常界面、异常界面等。

（6）合并原则。合并原则就是对一些具有相同属性的交互元素与内容进行合并，减少用户学习成本与使用难度，减少相同内容给用户带来的困扰或者心理选择障碍。

基于界面优化的动画创建原则如下：

（1）合理使用动画和动作效果。不要为了动画而动画，过度或无关的动画会让用户感觉被切断了联系或分心。

（2）遵循物理规律，提高可信度。可以适当运用艺术夸张，但动画动作要符合物理规律（比如从左边向右滑动可以展开界面，那么对应的往回滑动能够消除界面）。

（3）使用一致的动画。熟悉、流畅的动画体验可以使用户精力集中。

（4）动画是可以设置选择的。在经常访问的界面上，应用程序可以设置动画播放的选项，比如可以选择最小化或消除应用程序动画。

图 2-23 所示为 QQ 音乐首页交互原型，点开左上角有新歌提示的图标后，滑动出现新界面进行选择，选歌页面覆盖大半界面，此时界面变成如图 2-23（b）所示，形成抽屉式界面模式。选歌页面凸显在前，显示了主题功能；首页作为背景，为用户提供了路径线索。互动设计层次清晰，易于用户理解。

图 2-24 所示为小米日历界面，其中图 2-24（a）为小米日历"今天"页面，日历上有一个蓝底圆标记的数字，使当天的日期一目了然，通过单击日历上其他日期，可以跳转到其他界面。图 2-24（b）所示小米日历"15 天后"和图 2-24（c）所示"18 天前"页面下方都有一个蓝底"今"字的图标，单击这个图标可以直接回到"今天"页面。

在小米日历"今天"和"非今天"的页

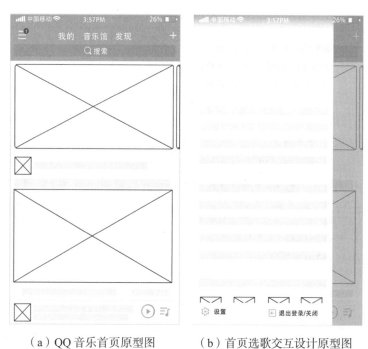

（a）QQ 音乐首页原型图　（b）首页选歌交互设计原型图

图 2-23　QQ 音乐首页交互原型

面中，都通过一个醒目的蓝底圆清楚地提示"非今天"与"今天"的关系，交互形式统一，互动直接，易于理解。

（a）小米日历"今天"页面　　　　（b）"15天后"页面　　　　（c）"18天前"页面

图2-24　小米日历交互设计

单击小米日历右下方的"+"图标，进入小米日历的编辑页面，编辑完成后单击"确定"按钮回到日历首页，完成整个编辑过程，如图2-25所示。

小米日历的界面设计色彩使用极少，饱和度较高的蓝色在界面上非常醒目，因此信息的传递和交互图标的提示非常清晰。

（a）小米日历首页　　　　（b）编辑页面交互设计图

图2-25　小米日历编辑交互设计

图 2-26 所示为 Messages 首页交互原型，通过 Messages 首页上带红色数字提示的图标，进入到"信息"页面。"信息"页面上有相应的未读信息特别符号（蓝色圆点）标识，蓝色圆点数与红色数字相对应，再次确认未读信息数量。"信息"页面中每组信息右滑可以删除和隐藏，长按可以显示信息详细内容且直接回复。另外也可通过 Edit 图标对信息进行批量选择，通过 ⬚ 直接编写新短信。

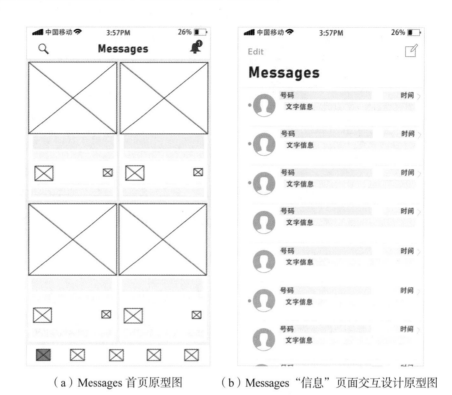

（a）Messages 首页原型图　　　（b）Messages"信息"页面交互设计原型图

图 2-26　Messages 交互设计

2.4　视觉设计

在结构设计的基础上，参照目标用户的心理模型和使用习惯进行视觉设计（visual design），所使用的视觉语言指用于传递消息或联系上下文的所有图形技术，具体包括使用字体、符号、颜色和其他静态、动态图形来传递事实、陈述概念和表达情感，这些要素构成了一个面向信息的图形设计体系，可以帮助用户理解复杂的信息，增强产品的可用性，提高审美吸引力，通过吸引用户并帮助他们建立对产品的信任和兴趣来改善用户体验。

其中视觉语言包括以下内容。

（1）布局：格式、比例和网格；二维和三维效果配置。

（2）排版：选择字体和界面模式，包括可变宽度和固定宽度。

（3）颜色和纹理：颜色、纹理和光线可以传达复杂的信息，进行极好的拟物性设计。

（4）影像：从实物到抽象类型的标志、图标和符号。

（5）动画：动态或动作的显示。

（6）排序：故事讲述的视觉顺序。

（7）声音：抽象的、模拟的、象声或音乐提示声音。

（8）可视化标识：为用户界面提供总体一致性的额外的独特设计。

界面的视觉设计同样遵循平面设计基本原则，如：统一性、格式塔属性、空间、层次性、平衡、对比、比例、优势和相似性等。作为更注重信息交互传递的界面视觉系统，要注意以下三个基本原则。

（1）体现界面组织结构。通过考虑如何形成或安排视觉元素以符合良好视觉设计的原则，保证用户对界面结构的理解，视觉上为用户提供完整的屏幕布局、产品结构关系和清晰的导航。

（2）经济。选择最少、最简单的元素进行重点有序的无障碍信息传递，把用户注意力吸引到重要的事情上。

（3）沟通。保持界面易读性、可读性，注意排版、符号、多视图以及颜色或纹理的平衡，使界面形式与用户的能力匹配，以便用户和界面交流沟通。

图 2-27 所示界面是简单的列表式，界面左边加了一个色块条，和谐的配色使平淡的界面生动起来，每个列表选项界线更加清晰。

图 2-28 在界面上加入有一定透明度的背景，加深了界面的深度，使简单的界面不显得空荡；明黄色圆底突出界面时间信息。

图 2-29 和图 2-30 通过视觉设计使界面信息有序展示，并且通过界面设计彰显产品特性。

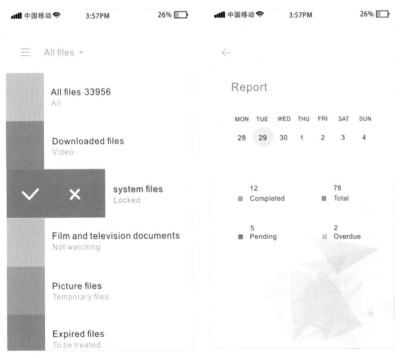

图 2-27　色块条列表界面　　　　图 2-28　背景应用界面

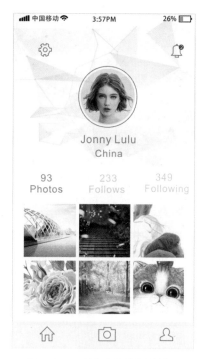

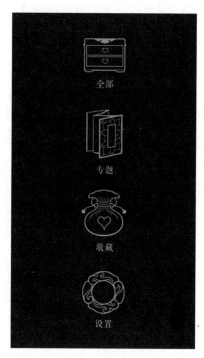

图 2-29　跳板式视觉设计界面　　　　　图 2-30　每日故宫首页

推荐阅读文献

[1]　HEAD V. Designing interface animation: meaningful motion for user experience[M]. New York: Rosenfeld Media, 2016.

[2]　TIDWELL J. Designing interfaces[M]. New York: O'Reilly , 2011.

[3]　加瑞特 . 用户体验的要素 [M] . 范晓燕，译 . 北京：机械工业出版社，2008.

[4]　BUXTON B. 用户体验草图设计工具手册 [M]. 李嘉，译 . 北京：电子工业出版社，2014.

[5]　拉尔 . UI 设计黄金法则 [M]. 王军锋，译 . 北京：中国青年出版社，2014.

[6]　KOLKOJ. 交互设计沉思录 [M]. 方舟，译 . 北京：机械工业出版社，2012.

[7]　李洪海，石爽，等 . 交互界面设计 [M]. 北京：化学工业出版社，2011.

[8]　COLBORNE G. 简约至上：交互式设计四策略 [M]. 李松峰，译 . 北京：人民邮电出版社，2011.

[9]　王巧伶 . App 手机界面创意设计新手通 [M]. 北京：机械工业出版社，2014.

思考题

1. 移动界面流程设计采用的方法和设计工具有哪些？

2. 界面中的交互设计内容包括什么？

3. 讨论常用的界面模式特点，以及常用模式的变化形式。

第 3 章　Axure RP 概述

本章重点： 使用 Axure RP 进行原型设计的基础知识。

教学目标： 通过本章的学习，了解 Axure RP 的基本操作界面，对学习后续章节起到前瞻作用。

课前准备： 提前安装软件并熟悉操作界面。

教学硬件： 多媒体教室、计算机教室。

学时安排： 本章建议安排 1~2 个课时，任课教师可根据实际需要安排。

Axure RP 是一款专业的快速原型设计工具，它可以让产品经理、程序员、设计师们根据需求设计功能和界面，快速创建应用软件的线框图、流程图、原型和规格说明文档，支持多人协作设计和版本控制管理。

Axure RP 能制作出低保真原型和高保真原型，从而解决需求部门和技术部门的沟通问题。原型所表达出的效果和软件真实的功能在视觉上和体验上基本一样，不用通过文档区进行描绘，就能达到最佳的沟通效果。

3.1 Axure RP 8 介绍

Axure RP 是一款专业的快速原型设计软件，Axure 代表美国 Axure Software Solution 公司，RP 是 rapid prototyping 的缩写，即快速原型。Axure RP 8 版本强化了 Axure 的三个核心功能——原型、交互和协作，Axure RP 8 的软件图标如图 3-1 所示。

Axure RP 的使用者主要包括商业分析师、信息架构师、产品经理、用户体验设计师、交互设计师、UI 设计师等。此外，许多系统架构师、程序员也在使用 Axure。

Axure RP 的设计优势：

图 3-1　Axure RP 8 的软件图标

（1）既可以设计手机端原型，也可以设计 Web 端原型。

（2）可以轻松绘制流程图，并可快速设计原型页面组织的树状图。

（3）有强大的内部函数库和逻辑关系表达式，读者只需具备一些编程基础，便可以轻松制作自己想要的任何交互演示效果。

（4）可以自动输出 Word 规格的说明文档。

（5）可以轻松实现跨平台演示，可以在苹果公司的系统上轻松演示，也可以方便地在 Android 系统上演示。

3.2 Axure RP 8 的主界面

运行 Axure 软件，软件界面大致可以分为九大模块，如图 3-2 所示。

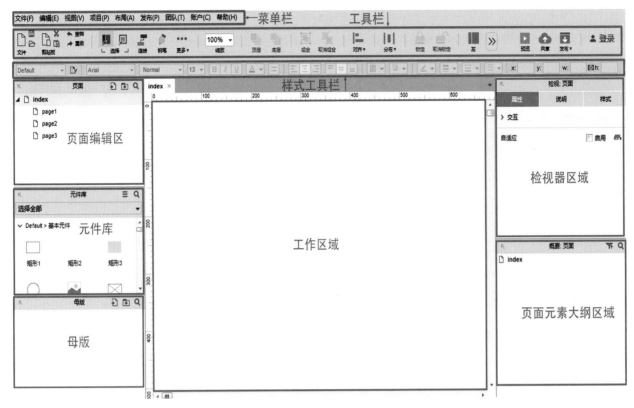

图 3-2　Axure RP 8 的软件界面布局

3.2.1　菜单栏区域

菜单栏区域有文件、编辑、视图、项目、布局、发布、团队、账号和帮助 9 个菜单项，包括了软件的一些常规操作和功能，如图 3-3 所示。

Axure RP 8　文件(F)　编辑(E)　视图(V)　项目(P)　布局(A)　发布(P)　团队(T)　账号(A)　帮助(H)

图 3-3　菜单栏

（1）"文件"菜单。该菜单可以实现文件的基本操作，例如新建、打开、保存、导入 RP 文件、新建团队项目和打印等。

（2）"编辑"菜单。该菜单中包含软件操作过程中的一些编辑命令，可以完成复制、剪切、粘贴、撤销、重做等操作。

（3）"视图"菜单。该菜单中包含与软件视图显示相关的所有命令，例如工具栏、面板、重置视图和显示背景等功能。

（4）"项目"菜单。该菜单中包含与项目相关的命令，可以对部件、页面的样式进行编辑；它具有自定义部件字段说明和页面字段说明等功能。

（5）"布局"菜单。该菜单中包含与页面布局相关的命令，例如对齐、组合、分布和锁定等。

（6）"发布"菜单。该菜单中包含与原型发布有关的命令，例如原型预览、选择预览方式、生成 HTML 文件以及生成需求规格说明书的 Word 文档等。

（7）"团队"菜单。利用该菜单可以创建团队项目以及获取团队项目，进行多人协作。

（8）"账号"菜单。利用该菜单可以进行账号登录和服务器代理设置。

（9）"帮助"菜单。通过该菜单开始演示动画选项，可以学习原型工具的使用，同时该菜单还提供了在线培训教学和搜索在线帮助功能。

3.2.2 工具栏区域

工具栏上列出了编辑页面的一些快捷工具，包括元件的选择、连接、钢笔、边界点等操作工具。理解工具栏的功能并掌握它的使用方法，可以提高制作原型的效率。

1. 选择、连接、钢笔、更多、缩放操作

"选择"包括相交选择▮和包含选择▯，"更多"中包括边界点、切割、裁剪等选项（见图 3-4）。

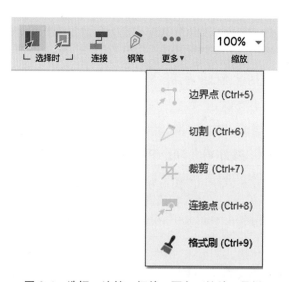

图 3-4　选择、连接、钢笔、更多、缩放工具栏

2. 布局操作

布局操作区域见图 3-5。

顶层、底层：可以将工作区域中的元件置于顶层或底层。

组合、取消组合：可以将多个元件设置为一个组合；也可以将一个组合拆散为单独的多个元件。

图 3-5　布局操作区域

对齐：选择两个以上的元件，单击下拉按钮可完成左对齐、左右居中、右对齐等操作。

分布：选择三个以上的元件，单击下拉按钮可完成分布操作，包括横向分布和纵向分布两种分布方式。

3. 锁定、发布、登录等操作

锁定元件、解锁元件、开关左侧面板、开关右侧面板、预览、共享、发布、登录等操作按钮如图 3-6 所示。

图 3-6　锁定、发布等操作区域

锁定、解锁：单击该按钮可以将当前选中的元件锁定，也可取消锁定。

开关工具面板：包括开关左侧工具面板和右侧工具面板。

预览：生成 HTML 文件在浏览器中的预览原型。

共享：通过共享的方式创建团队项目，发布到 AxShare 上面。

发布：用来发布原型，可以通过预览的方式发布，也可以通过生成本地文件的方式发布。

登录：提供登录的快捷按钮。

3.2.3　样式工具栏

样式工具栏的功能类似于 Microsoft Office Word，可以用来给文本内容或者元件边框设置样式，包括字体、字号、粗斜体、文本对齐以及给元件边框设置样式等，如图 3-7 所示。图 3-7（a）、（b）是连在一起的，因篇幅所限，此处将它们拆分开了。

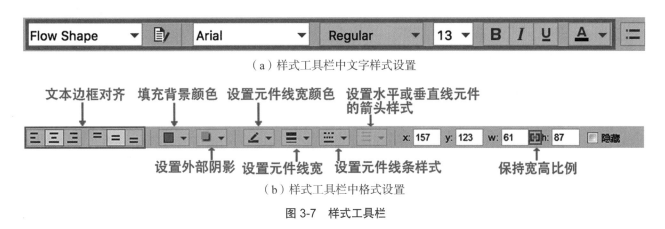

图 3-7　样式工具栏

其中需要注意的是，"保持宽高比例"选项用来设置元件宽度和高度。单击宽度和高度之间的"[ ]"图标之后，界面区域中会保持元件默认的宽高比样式，此时如果修改元件的宽度值，系统会自动根据元件现有的宽高比调整其高度。例如，一个宽度为 200、高度为 100 的矩形，当锁定其宽高比后，将宽度值改为 400，则相应的高度值会自动变为 200。

3.2.4　页面编辑区域

页面编辑区域用来显示软件页面、浏览页面的结构和布局，并对页面进行增加、移动、删除等操作，如图 3-8 所示。在制作原型过程中，如果产品较复杂，涉及多个模块或多个页面时，可以通过添加"文件夹"和"子页面"来组织管理该原型页面。

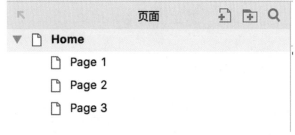

图 3-8　页面编辑区域

3.2.5　元件库区域

Axure 默认提供的线框图元件库中包含有 4 类元件如图 3-9 所示，即基本元件（Common）、表单元件（Forms）、菜单和表格元件（Menus and Table）、标记元件（Markup），包括了制作原型所需要的一些基础元件、自定义元件和下载安装的元件。线框图元件库中提供了矩形、占位符、文本、标签、文本框等组件，需要时选中要使用的组件，直接拖拽到工作区域即可。

图 3-9　线框图元件

流程图元件库中提供了19种流程图元件，有各种图形、图像、文件、角色、数据库等。

图标元件库中提供了制作原型图所需的各种图标，如箭头、电池、统计图标、通知等。

下面对一些特殊元件进行说明。

1. 图片

Axure RP 8支持多种图片格式。在元件库中选择图片元件（如图3-10所示），将其拖到页面中，双击图片元件或者在图片元件上右击，在弹出的对话框中选择"导入图片"，如图3-11所示。

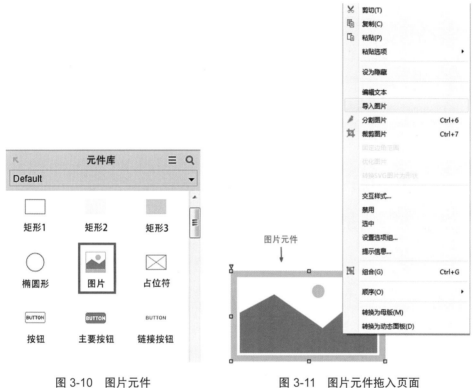

图3-10　图片元件　　　　　　　　图3-11　图片元件拖入页面

2. 占位符

占位符元件（如图3-12所示）没有实际意义，只具有临时占位的功能。当用户需要在页面上预留位置，但是还没有确定要放什么内容的时候，可以先放置一个占位符元件。

3. 热区

热区是一个隐形的，但是可以单击的面板。使用它可以完成一些操作，例如为同一张图片设置多个超链接热区元件如图3-13所示。

图 3-12　占位符元件　　　　　　　图 3-13　热区和动态面板元件

4. 动态面板

动态面板元件就是让制作的原型动态交互起来的一个元件，可实现系统的高级交互效果。它还能实现多种动态效果，即包含多个状态（states），这个状态可以理解为一系列元件的容器。动态面板元件是功能最强大的元件，在本书 4.3.5 节会进行详细介绍。动态面板元件如图 3-13 所示。

3.2.6　母版库区域

母版库是用户自定义的一组元件，将它转成母版的目的是一次性设计，重复使用。在设计一些共用、复用的区域（如移动 App 的底部标签导航栏）时，只要在母版中设计一次，在设计其他页面时就可以直接引用，达到共用、复用的效果。此外，还可以运用母版预先设定好元件的位置，当我们把模板文件拖拽到"工作区域"时，会自动将该位置设定在"锁定"状态，这样做就不用重复思考将它放在哪个位置比较合适了，这种方式多用于设计页面上的共用部分。

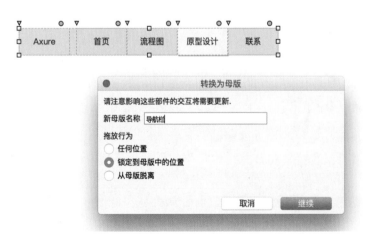

图 3-14　母版位置锁定

下面以位置固定在工作区域距离左上角（20，20）的"导航栏"母版为例进行操作说明。选择"导航栏"内的元件内容后右击，从弹出的快捷菜单中选择"转换为母版"命令，并将"拖放行为"设置为"锁定到母版中的位置"，如图 3-14 所示。双击母版中"导航栏"进入母版编辑状态，选中全部元件，移动到工作区域（20，20）的位置，关闭模板编辑窗口，然后从母版库中拖动"导航栏"到工作区域中，此时可以发现"母版"位于工作区域（20，20）的位置，且边框呈现为"红色虚线"的状态，这就说明母版已经被自动固定在界面工作区域（20，20）的位置，如图 3-15 所示。

图 3-15　母版导航设置

3.2.7　工作区域

工作区域是进行原型设计的主要区域，可以在此设计线框图、流程图、自定义部件、模块，还可以进行元件的编辑、页面的交互效果制作等操作。

3.2.8　检视器区域

检视器区域用于设置当前页面的样式，添加与该页面有关的注释，以及设置页面加载时触发的事件；可以设置选中元件的标签、样式，添加与该元件有关的注释。页面检视区域包括属性、备注、样式 3 个面板，其中"属性"和"样式"面板是设计原型交互的重要面板。

"属性"面板用于添加用例和设置元件默认属性，针对不同的元件类型，显示的事件属性也不一样。

"样式"面板用于设置元件的详细样式，包括大小、颜色、边框以及对齐方式等。

3.2.9　页面元素大纲区域

页面元素大纲区域用于管理页面上使用的元件，在这里会显示添加在工作区域的所有元件信息，包括已命名的和未命名的，如图 3-16 所示。也可以在此进行管理动态面板、增加动态面板、移动动态面板以及删除动态面板等管理部件的操作。

图 3-16 页面元素大纲

本章主要介绍了 Axure RP 8 的软件界面，需要重点掌握以下几点。

（1）认识 Axure RP 8 的软件界面布局。

（2）了解 Axure RP 8 软件界面上的 9 个区域以及它们的含义和功能。

思考题

1. 如何选择元件库区内元件进行布局、锁定和样式设置？

2. 如何利用母版库进行通用母版设计？

3. 如何添加、删除动态面板的状态，以及如何设置动态状态的排序？

第4章 应用 Axure 进行界面原型设计

本章重点： 学习 Axure 软件的操作方法以及配合案例学习制作手机 App 原型的方法。

教学目标： 通过本章的学习，了解如何使用 Axure RP 来制作手机 App 流程图、低保真界面以及简单的交互效果。

课前准备： 读者可在课前预习本章所讲内容。

教学硬件： 多媒体教室、计算机教室。

学时安排： 本章建议安排 8~12 个课时，任课教师可根据实际需要安排。

第 3 章中介绍了 Axure 软件界面的 9 大模块,本章演示模块的主要功能、操作流程和实例应用。

4.1 页面编辑区

页面编辑区是用来管理页面和显示页面的区域。在开始设计之前,首先要理清 App 的结构体系,之后根据结构进行完善。在页面编辑区可以构建一个清晰的页面关系,展示 App 的结构,如图 4-1 所示。

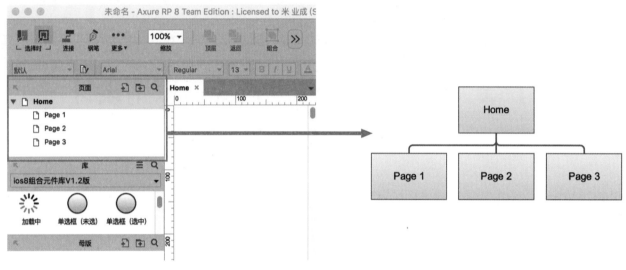

图 4-1 页面层级管理

4.1.1 页面编辑区的作用

页面编辑区由功能菜单和页面两个部分组成。功能菜单中列出了一些操作按钮;页面编辑区中的页面呈树状结构,与 Windows 文件存放目录一致,通告具有上下级、同级的页面关系,将要设计的产品页面整合起来,形成产品的文档关系,如图 4-2 所示。

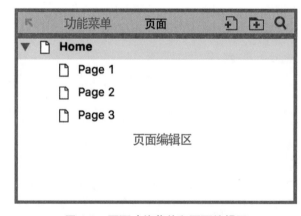

图 4-2 页面功能菜单和页面编辑区

页面编辑区的作用如下:

(1)页面编辑区可以用来规划软件的功能单元或者软件的结构。在进行软件原型设计的时候,根据需求说明书,设计师可以利用页面编辑区先大致规划一下软件结构,然后根据不同功能模块进行深化设计,梳理出一个清晰的思路。

（2）页面编辑区可以让使用者快速地了解软件的结构。设计原型的人可能是产品经理，也可能是交互设计师，但是使用原型的人就不只他们了，有可能是项目经理，也有可能是开发人员。他们并没有参与原型设计，但可以通过页面编辑区快速地了解软件的结构与功能。试想一下，如果没有页面编辑区，他们就要去猜、去理解各个页面想要表达的功能，这样很可能会误解设计者的真正意图。

（3）页面编辑区方便使用者快速地找到想要的页面。如果设计的软件很复杂，页面非常多，却没有页面编辑区来管理页面，那么想要找到某个页面或者修改某个页面，就需要花费大量的精力；而通过页面编辑区的树状结构，很快就可以定位到想要修改的页面。

4.1.2 页面编辑区的功能

页面编辑区具有五个方面的功能。

1. 添加页面

新建一个 Axure 文件时会自动为用户创建 4 个页面，包括 1 个主页和 3 个二级页面，如图 4-2 所示，如果用户需要添加新页面，可以单击"页面"面板右上角的"新增页面"按钮 ，即可完成页面的添加。

2. 重命名页面

创建页面时，系统允许用户为新页面指定名称，用户可以在页面编辑区选中该页面，在页面名称上单击，即可重命名该页面。

为页面命名时，每一个名字都是唯一的，要让使用者一看就能知道这个页面所要表达的含义，让人更容易理解所设计的原型。

3. 移动页面

用户如果想要改变页面的顺序或者更改页面的级别，可以首先在"页面"面板下选择需要更改的页面右击，在弹出的快捷菜单中选择"移动"命令下的选项即可，如图 4-3 所示。

4. 查找页面

当我们制作的原型比较复杂、页面比较多的时候，为了快速查找其中某一个页面，可以使用"查找"

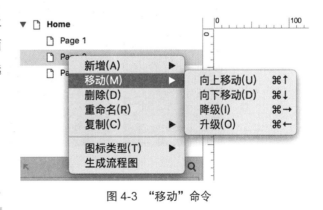

图 4-3 "移动"命令

功能。

5. 生成流程图

设计完成一个原型的页面后，通常需要把它生成对应结构的原型结构图。通过生成流程图菜单选项，可以生成纵向或者横向的流程图。例如选中 Home 页面，然后右击，从弹出的快捷菜单中选择"生成流程图"命令，在弹出的"生成流程图"对话框中选择"纵向"单选按钮，再单击"确定"按钮，即可生成纵向流程图，如图 4-4 所示。

图 4-4　生成流程图

4.1.3　实例——iOS 时钟 App

结合前面介绍的内容，我们来设计一个"iOS 时钟"App。通过练习，学会制作软件原型时如何规划软件的页面结构，进一步加深对页面结构的理解。打开 iOS 时钟 App，进入软件页面，观察软件的页面结构，如图 4-5 所示。

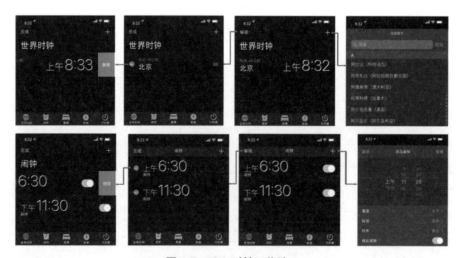

图 4-5　iOS 时钟工作流

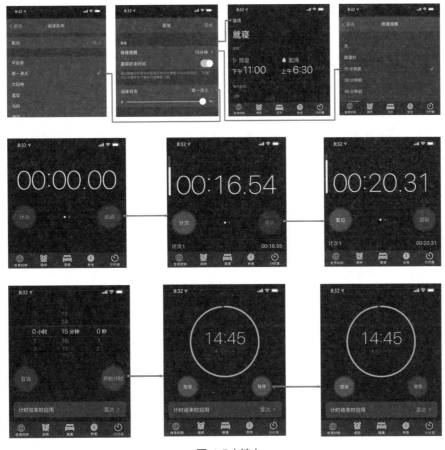

图 4-5（续）

先来分析一下 iOS 时钟 App，它有 5 个一级菜单，也就是被划分为 5 个大的功能板块。

世界时钟：这个板块可以添加世界各地的实时时间以及与当前设备位置的时间差。

闹钟：时钟软件打开的默认页面就是闹钟，这里可以添加设置闹钟的时间、铃声、重复等综合信息。

就寝：设置每天入睡和起床的时间、起床闹钟，并在就寝时间收到提醒。

秒表：常用的测时仪器，有电子表和机械表两种类型。

计时器：设置一段时间，在计时结束时可以启动铃声或者停止播放视频、音乐。

以上 5 个功能模块在页面编辑区需要建立 5 个页面，在一级菜单下面还有二级菜单。

"世界时钟"下面有"添加城市"一个二级菜单。

"闹钟"下面有"添加闹钟""编辑闹钟"两个二级菜单，并且发现添加闹钟和编辑闹钟共用一个页面，因此在设计时将其看作闹钟下面的一个二级菜单。

"就寝"下面有"就寝选项"一个二级菜单。

"秒表"下面没有二级菜单，因此不需要建立子页面。

"计时器"下面有"计时结束时启用"一个二级菜单。

在二级菜单下还有三级菜单。

"添加、编辑闹钟"下面有"重复""标签""铃声"三个三级页面。

"就寝选项"下面有"叫醒铃声"一个三级页面。

可以根据二级、三级菜单建立相应的子页面。下面打开 Axure 软件，开始 iOS 时钟 App 页面结构的规划设计。

（1）将 Home 页面重新命名为"时钟"，在其下面建立 5 个页面，分别命名为"世界时钟""闹钟""就寝""秒表"和"计时器"，如图 4-6 所示。

（2）在"世界时钟"页面下新增 1 个子页面，命名为"添加城市"，如图 4-7 所示。

（3）与步骤（2）相同，在"闹钟"页面下新增 1 个子页面，命名为"添加、编辑闹钟"。

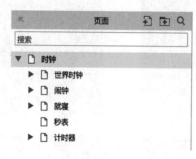

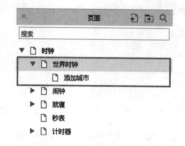

图 4-6　建立 5 个页面　　　　图 4-7　新增"添加城市"子页面

（4）在"就寝"页面下新增 1 个子页面，命名为"就寝选项"。

（5）在"计时器"页面下新增 1 个子页面，命名为"计时结束时启用"。

（6）在"添加、编辑闹钟"页面下新增 3 个子页面，分别命名为"重复""标签"和"铃声"。

（7）在"就寝选项"页面下新增 1 个子页面，命名为"叫醒铃声"。

这样就将"时钟"App 的结构建立完成了，然后可以按照各个功能模块进行原型设计，根据结构生成相应的流程图，从中可以看出软件的大致结构以及从属关系，如图 4-8 所示。

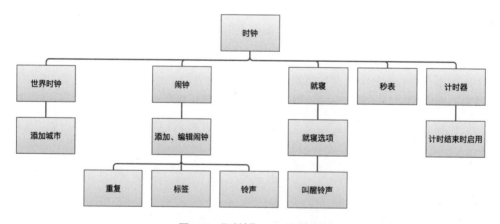

图 4-8　"时钟"App 流程图

通过这个案例，读者要学会如何规划软件的栏目结构或者功能模块，可以从导航菜单入手，来划分软件的功能模块。在制作原型时，先规划出软件的栏目结构，方便进行软件的原型设计，同时也可以避免在页面结构上随意新建页面，导致结构混乱、设计思路不清晰。根据清晰的页面结构，就可以逐一进行原型设计了。

4.2 Axure 的流程图元件

对于任何产品设计来说，构建流程都是一个绕不开的环节，其奠定了后续的产品框架，是用户体验的基石。Axure 提供了专用的流程图元件供用户设计制作流程图。相较于专业的流程图制作软件来说，使用 Axure 的流程图可以直接关联到原型页面，通过页面流程图查看指定页面详情和指定功能详情。

4.2.1 绘制流程图所用的元件

Axure 原型设计软件默认内置了 19 种流程图元件，常用的元件有矩形、叠放矩形、圆角矩形、叠放圆角矩形、斜角矩形、菱形、括号、半圆、三角形、梯形等。单击"元件库"面板下拉框，选择 Flow 选项，面板中将呈现流程图元件，选择一个流程图元件，将其拖入到工作区中，效果如图 4-9 所示。

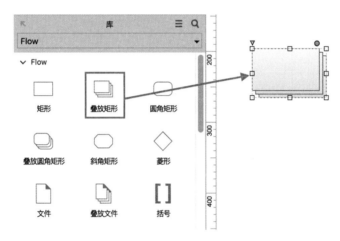

图 4-9　拖入元件

元件在选中状态下，选框左右上方分别有两个状态按钮，三角箭头为改变元件圆角状态，圆形为转化为自定义形状，如图 4-10 所示。

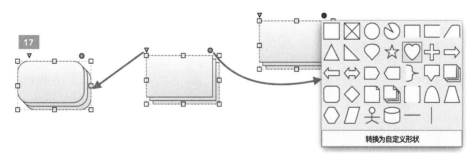

图 4-10　元件选中状态

拖入元件到工作区,如图 4-11 所示,单击工具栏上的"连接符工具"按钮,将元件连接起来,形成流程图,如图 4-12 所示。

一般来说,不同形状的流程图元件都有各自的特点和代表的意义,在使用的时候应尽量遵循其定义的通用规范,当然如果有特殊需要,也可以单独定义。因此在绘制流程图之前,要知道所用元件的意义,才能画出规范的流程图。常用流程图元件的意义如表 4-1 所示。

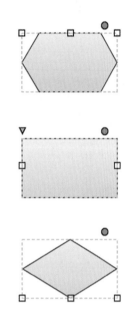

图 4-11　元件拖入工作区

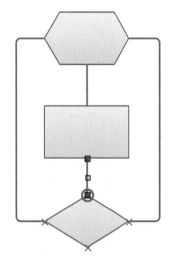

图 4-12　形成流程图

表 4-1　流程图元件的意义

图标	名称	意义
	矩形	一般用于执行处理
	圆角矩形	表示程序的开始或结束
	斜角矩形	表示数据
	菱形	表示决策或判断
	文件	表示一个文件或页面
	括号	表示注释或说明
	半圆形	作为页面和流程跳转的标记
	三角形	表示数据传递
	梯形	表示手动操作
	椭圆形	表示按顺序进行流程
	六边形	表示准备或起始
	平行四边形	表示数据的处理或输入
	角色	模拟流程中执行操作的角色
	数据库	表示保存的数据库
	图片	表示一张图片

4.2.2 流程图关联页面

目前的专业流程图软件都无法做到直接单击流程图里面的节点（页面、功能、操作），展示与之相关的更多信息，而 Axure 可以将流程图关联到原型页面，单击流程图元件即可查看指定页面详情。Axure 提供了两种操作方法，本质上都是设置"引用页"属性，Flow 元件库中的所有元件都具有该属性，Dafault 默认元件库中部分元件支持该属性。

1. 设置"引用页"属性到具体的功能页面

将元件拖入工作区，选中要关联页面的元件，单击检视区域"属性"面板下的"引用页"选项，选择关联页面，即可完成流程图关联页面，如图 4-13 所示。

图 4-13　关联页面选择

"引用页面"除了关联了对应页面，还继承了对应页面的标题，当我们修改页面编辑区的页面标题后，元件也会同步更新。

2. 拖拽页面编辑区页面到工作区域

将页面编辑区的页面直接拖拽到工作区域，即可自动生成相应的流程图元件，如图 4-14 所示。

单击工具栏右边的"预览"按钮，在预览页面单击元件会直接跳转到关联页面，即可查看关联页面的详细信息，如图 4-15 所示。

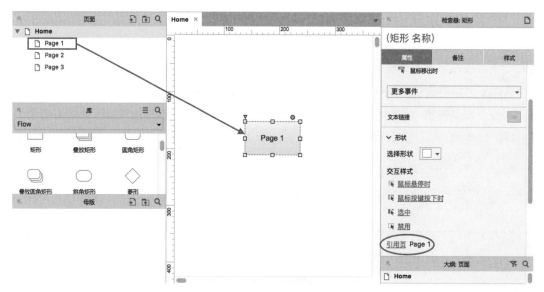

图 4-14　生成流程图元件

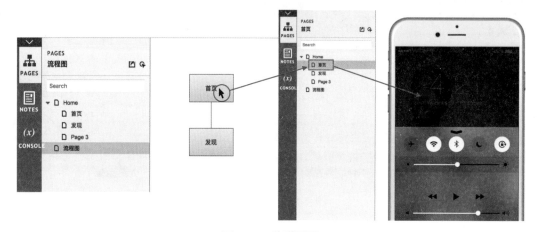

图 4-15　关联页面

4.2.3　流程图显示具体控件

设计一个功能实现的具体步骤逻辑时，经常需要查看步骤中的某个控件，比如设计登录流程时可能需要展示一下忘记密码弹窗。原始的方法是将控件直接复制过来，但是这样做既复杂又无法同步修改控件内容。Axure RP 8 通常使用"快照"功能使控件和流程图关联，从而在流程图中显示具体控件，具体步骤如下。

1. 新建页面快照

从流程图元件中拖拽"快照"到工作区。

2. 设置引用页面

设置引用页面与上一节关联页面方法类似，然而呈现出来的效果却完全不一样。所谓页面快照是指将引用页面的具体内容显示到该元件区域范围里，例如引用网易云首页到"快照"元件上，如图4-16所示。

当前引用页下方的"缩放到适合"是默认选项，可以看出显示的快照尺寸不合适，我们进行如下参数修改：取消"缩放到适合"选项，在样式工具栏将"快照"元件尺寸修改成200×355[①]，把边距的相对坐标改成（0，0，0，0），最后再选中"缩放到适合"复选框，即可调整"快照"大小，如图4-17所示。

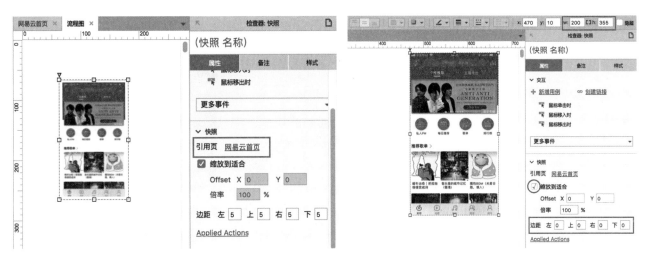

图4-16 引用网易云首页   图4-17 快照效果

4.2.4 流程图的结构

流程图中大致包含4种结构：顺序结构、条件结构（又称选择结构）、循环结构、分支结构。大多数流程图都是由顺序结构、条件结构、循环结构这3种结构组成的，这里只对这3种结构进行说明，如图4-18所示。

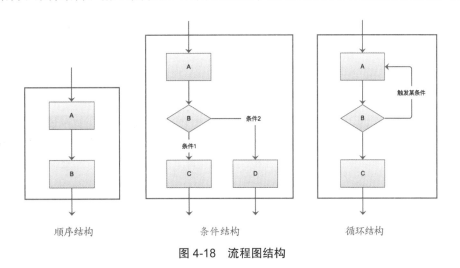

图4-18 流程图结构

---

① 本书所有实例中未标注数值的单位均为px。

流程图结构的特点如下。

（1）顺序结构的执行顺序是自上而下，依次执行的。

（2）对条件结构要先根据指定的条件进行判断，再由判断的结果决定选择执行两条分支路径中的某一条。

（3）由循环体中的条件，判断继续执行某个功能还是退出循环。根据判断条件，循环结构又可细分为以下两种形式：先判断后执行的循环结构和先执行后判断的循环结构。这里不作解释说明，读者只需理解循环结构模式即可。

流程图包含的元素包括：功能，用矩形表示；功能流向，用有向箭头表示；判断，用菱形表示；判定结果，用有向箭头上的文字表示。

4.2.5 实例——网易云音乐 App

结合前面 4 个小节的内容，我们来设计一个"网易云音乐"App。通过练习，学会制作软件的流程图，进一步加深对流程图组件的理解。

打开网易云音乐 App，进入软件首页，观察软件的页面结构，如图 4-19 所示。

图 4-19　网易云音乐首页界面

网易云音乐首页主要功能区分为 8 个区域，即听歌识曲、搜索、正在播放、发现、视频、我的、朋友、账号，其中"发现"模块里包含"个性推荐"和"主播电台"两个区域，可以总结出网易云音乐主要的业务功能有音乐、电台和视频三种。而网易云音乐作为一个专注于音乐社交的 App，它的基础功能是"音乐"，因此，我们在设计案例时以网易云音乐的基础功能为主。下面分析并制作网易云音乐基础功能的使用流程图。

1. 用户使用过程分析

（1）打开"网易云"App 后，有两种方式进入主界面，一种是登录或注册账号，一种是游客登录，如图 4-20 所示。（注：这里我们不对登录或注册流程进行分析，只针对软件的主要功能流程进行分析。）

（2）进入"网易云"主界面后，会出现两种情况，一种是网络良好的状态，一种是网络不佳或无网络的状态。在网络不佳或无网络的状态用户只能查看"我的音乐"进行音乐播放，而在网络良好的情况下则进入下一个流程。因此，我们将网络良好与否设置为一个前置条件，可以利用选择结构进行流程图的绘制。

（3）网络条件良好的情况下，用户可开始寻找音乐播放。网易云

图 4-20　"网易云"主界面入口

App寻找音乐的方式有：搜索、私人FM、每日推荐、选择歌单、排行榜、本地音乐、最近播放、我的收藏、创建的歌单、收藏的歌单。如果将这些方式全部绘制成流程会使得流程图看起来十分复杂，因此，我们将所有的方式进行分类。所谓"寻找"，即去找某样东西，可分为两种情况，一种是有目的的寻找某样东西，另一种是漫无目的的寻找，这样就将多种方式简化为有无目的两种条件了。

（4）音乐播放页面有三个常用流程：分享、下载和评论。用户分享或评论音乐后流程即结束；下载音乐会出现两种情况，一种为免费音乐，选择歌单即可下载，另一种是付费音乐，开通VIP选择歌单即可下载，否则放弃下载。

通过对用户使用过程的大致分析，我们可以将用户使用流程简单地描述为：开始→登录→寻找歌曲→播放歌曲→下载音乐。

2. 设计流程

（1）新建文件：打开Axure，新建一个文件，命名为"网易云用户使用流程"。在页面编辑区将默认生成的Page1改名为"流程图"，并将Page2、Page3页面删除，双击"流程图"页面在工作区显示，如图4-21所示。

（2）拖拽Flow：在元件库区域Default选项栏中选择Flow选项，将"圆角矩形"拖拽到工作区表示程序的开始，如图4-22所示。

（3）设置元件参数：在样式工具栏中将元件的填充颜色改为0099CC，线宽改为None，高改为40，如图4-23所示。

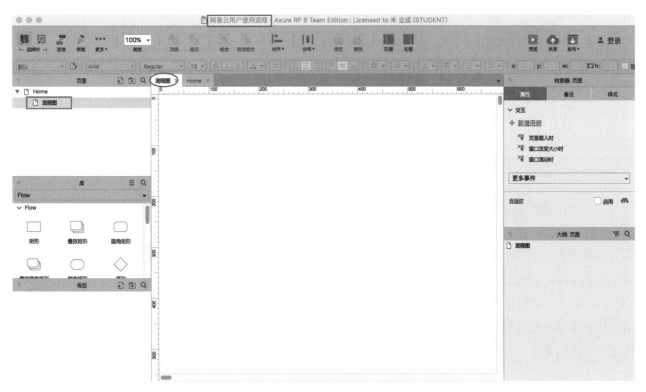

图4-21　新建文件

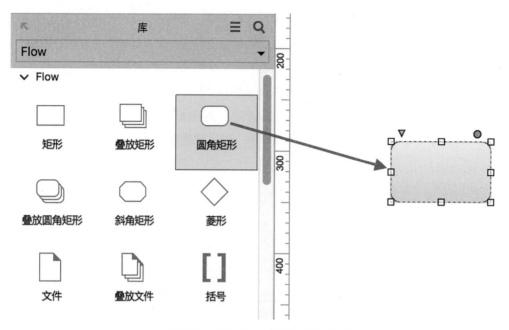

图 4-22　拖拽"圆角矩形"到工作区

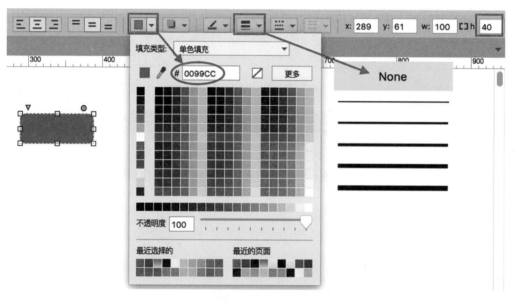

图 4-23　设置元件参数

（4）输入文字：双击"圆角矩形"元件，输入"开始"文字作为流程的开始，在样式工具栏中修改文字的颜色为 FFFFFF，如图 4-24 所示。

（5）拖入"矩形"元件：拖入"矩形"元件到工作区，双击"矩形"元件，将其命名为"矩形 1"，在样式工具栏中修改填充颜色为"无"，如图 4-25 所示；线宽及线条颜色参数如图 4-26 所示，将"矩形 1"框移到旁边作为备用元件。

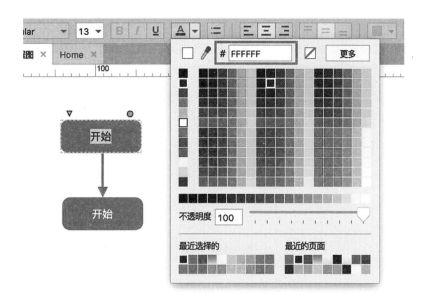

图 4-24　输入文字

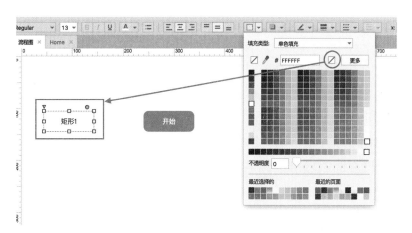

图 4-25　拖入"矩形"元件

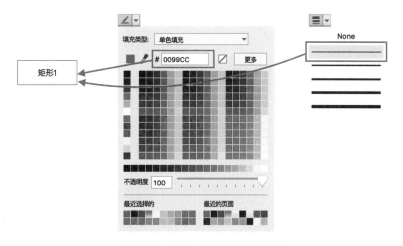

图 4-26　设置"矩形"元件参数

（6）复制元件：复制"矩形1"框并移动到"开始"框下方与其对齐，双击该元件，将其改名为"登录／注册"；再复制一个"矩形1"移动到"登录／注册"框右边与其对齐，双击该元件，将其改名为"游客使用"，如图4-27所示。

（7）绘制连接符：单击工具栏的连接符工具，连接"开始"框→"登录／注册"框，"开始"框→"游客使用"框，然后在样式工具栏中调整连接线的线宽和剪头样式，如图4-28所示。

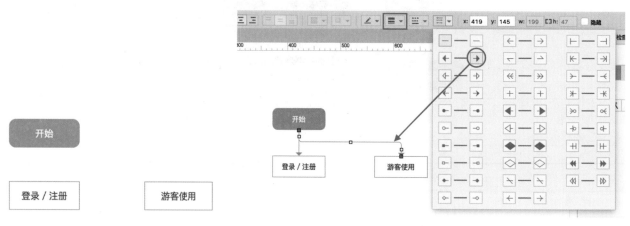

图4-27　复制元件　　　　　　　　　　　　　　图4-28　绘制连接符

（8）绘制判定选项：用户登录进入主界面后会出现两种情况，一种是网络良好的状态，一种是网络不佳或无网络的状态。此时应将其看作需要判定的条件，因此，在元件库拖入"菱形"元件到"登录／注册"框下方并与之对齐，然后将菱形元件的填充颜色、线宽及线条颜色修改为与"矩形1"相同，再双击菱形元件修改其名称为"网络良好"，如图4-29所示。

（9）完成判定选项：网络状况良好的情况下，用户会进入下一个寻找音乐的流程；网络状况差或无网络情况下，用户可以查看"我的音乐"听音乐。复制"矩形1"框并移动到"网络良好"框下方与其对齐，双击该元件，将其改名为"查看个性推荐"；再复制一个"矩形1"框并移动到"查看个性推荐"框右边与其对齐，并与上方的"游客使用"框对齐，双击该元件，将其改名为"查看我的音乐"。由于"查看我的音乐"之后就可以听音乐了，因此到"查看我的音乐"框流程结束，如图4-30所示。

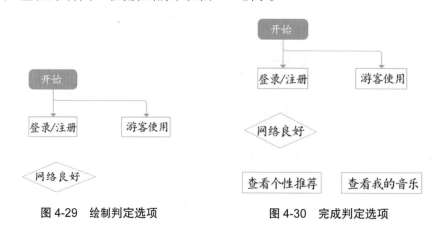

图4-29　绘制判定选项　　　　　　　　　　　图4-30　完成判定选项

（10）绘制连接符：单击工具栏的连接符工具，连接"登录／注册"框→"网络良好"框，"网络良好"框→

"查看个性推荐"框,"网络良好"框 → "查看我的音乐"框,然后在样式工具栏中调整连接线的线宽和剪头样式,结果如图 4-31 所示。

（11）放置判定文字：这里"菱形"元件表示需要决策或判断,因此在连接"菱形"元件与别的元件的时候应该在箭头样式上标注判定结果,"是"则连接"查看个性推荐","否"则连接"查看我的音乐",通过双击连接线来添加连接线文字,如图 4-32 所示。（注："Y"表示"是"；"N"表示"否"。）

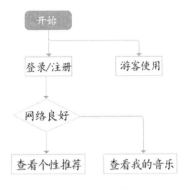

图 4-31　绘制连接符

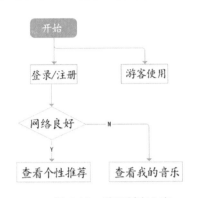

图 4-32　放置判定文字

（12）按照用户使用过程分析,依次完成后续流程图绘制。

（13）完成流程图：最后删除备份的"矩形 1"元件,保存文件。如将流程图以图像格式输出,可以单击菜单栏"文件" → "导出流程图为图像",打开如图 4-33 所示对话框,选择 PNG（*.png）格式,最终完成的网易云音乐用户使用流程图如图 4-34 所示。

图 4-33　保存流程图为图像

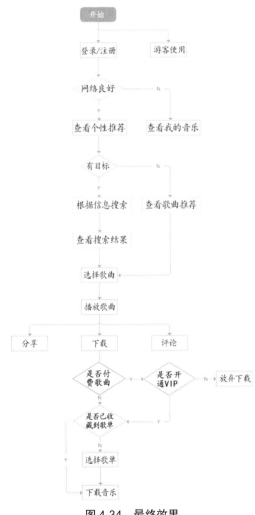

图 4-34　最终效果

4.3 应用 Axure 中的简单交互

在开启一个项目时，产品经理必须向客户或设计师讲解产品的整体用户体验，这时动态的线框图更能让客户和设计师体验到预期的用户交互状态。Axure 原型设计工具之所以受到设计师、产品经理的青睐，主要原因是用它制作的原型不仅能在界面上表达用户的功能需求，而且在交互上能表达用户的使用操作，达到真正产品软件所要达到的真实体验。

Axure 元件交互制作可以说是制作原型的核心基础，只有掌握了元件交互的使用方法，才能制作出各种真实的交互效果，给用户提供一种真实的产品交互操作体验，而不仅仅是简单的原型。

4.3.1 页面触发事件

页面触发事件是交互动作的起因和源头，应根据不同的交互行为选择不同的交互触发事件，从而达到我们想要的交互效果。同时需要注意的是，在原型中创建的交互命令是由浏览器来执行的，也就是说页面交互效果需要"预览"才能看到。

Axure 交互的触发事件分为两类。

（1）元件交互：当鼠标单击某元件时，检视区域显示为元件触发事件场景。

（2）页面交互：当鼠标在页面的空白位置单击时，检视区域会自动切换为页面触发事件场景。

Axure 默认内置了很多元件交互的触发事件，用户可以根据不同的应用场景选择不同的触发事件。单击"更多事件"下拉框可以看到更多的元件触发事件，如图 4-35 所示。

同样，Axure 默认内置了很多页面交互的触发事件，用户可以根据不同的应用场景选择不同的触发事件，如图 4-36 所示。

4.3.2 "用例编辑"对话框

交互事件可以理解为产生交互的条件，例如当页面载入时，将会如何；当窗口滚动时，将会如何。而将会发生的事情就是交互事件的动作。

设定元件触发事件进入"用例编辑"对话框的路径是，单击检视区"属性"选项卡下的"添加用例"或双击"鼠标单击"选项，弹出"用例编辑"对话框；页面触发事件进入对话框的路径是，单击检视区"属性"选项卡

图 4-35 元件触发事件

图 4-36 页面触发事件

下的"添加用例"或双击"页面载入时"选项，同样可以弹出"用例编辑"对话框。图 4-37 所示为"用例编辑"对话框。

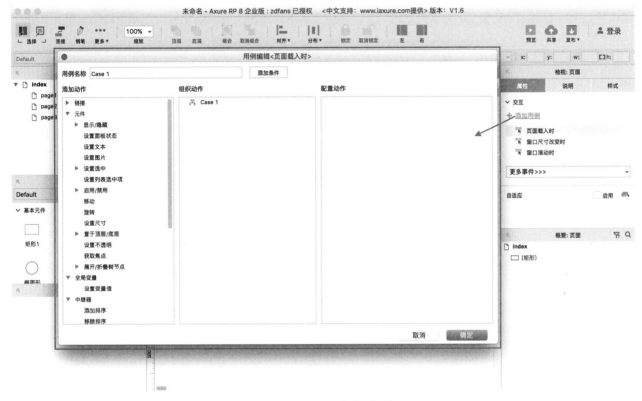

图 4-37 "用例编辑"对话框

"用例编辑"对话框的顶部显示用例的名称，下面为"添加动作""组织动作"和"配置动作"三个部分。"添加动作"区域包含了 Axure 中所有的动作，"组织动作"区域将显示添加的所有动作，"配置动作"区域将显示动作的详细参数，供用户配置。

4.3.3 打开链接

链接交互行为包括当前窗口打开链接、新窗口／标签页打开链接、弹出窗口打开链接、父级窗口打开链接、关闭窗口、内部框架打开链接、父框架打开链接以及滚动到元件（锚点链接）。其中 App 低保真原型设计常用的链接交互行为是当前窗口打开链接，因此下面只对当前窗口打开链接交互行为进行讲解。

（1）新建文件，将 Home 页面重新命名为"当前窗口"，拖拽一个按钮元件到工作区，命名为"当前窗口打开链接"；拖拽一个矩形元件到工作区，文本内容填写为"我是当前页面"，填充颜色为灰色（F2F2F2），如图 4-38 所示。

（2）将 page1 页面重命名为"结果页面"。进入结果页面，拖拽一个矩形元件作为结果页面的内容，文本内容填写为"我是链接结果页面"，如图 4-39 所示。

图 4-38　新建"当前窗口"

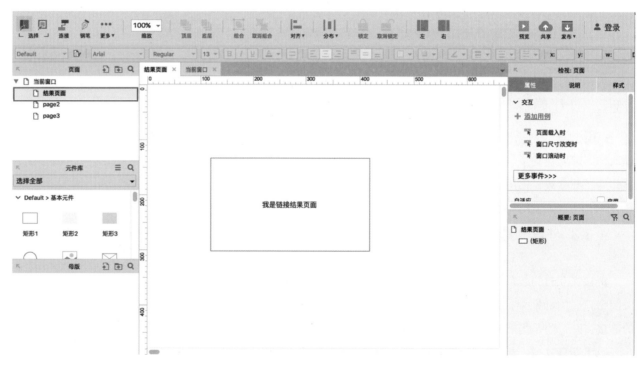

图 4-39　拖拽矩形元件

（3）回到"当前窗口"页面，给按钮元件添加鼠标单击时触发事件。选择"鼠标单击时"选项，单击"当前窗口打开链接"元件，打开"用例编辑"面板，选择"链接"→"打开链接"→"当前窗口"命令，选择"结果页面"，如图 4-40 所示。

图 4-40　添加鼠标事件

（4）单击"确定"按钮，按 F5 键发布，此时浏览器的标题是"当前窗口"，页面上有一个"当前窗口打开链接"的按钮，单击按钮，在当前窗口内看到浏览器的标题和浏览内容都变成了结果页面，如图 4-41 所示。

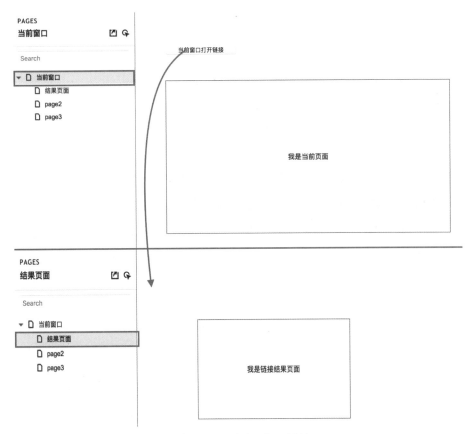

图 4-41　当前窗口打开链接

4.3.4 元件的交互行为

元件交互行为是常用的交互行为，它分为元件的显示／隐藏行为、设置元件文本行为、设置元件图像行为、设置元件选择／选中行为、设置元件移动行为等多种元件交互行为，这里我们选择制作 App 低保真原型时经常用到的元件文本行为和元件移动行为进行讲解。

1. 设置元件文本行为

设置文本动作可以实现为元件添加文本或修改元件文本内容。

（1）新建文件，将 Home 页面重新命名为"设置文本"，在默认元件库中拖拽一个矩形元件和一个按钮元件到工作区域。将按钮内容重新命名为"设置文本"，将矩形的标签命名为"文本"，如图 4-42 所示。

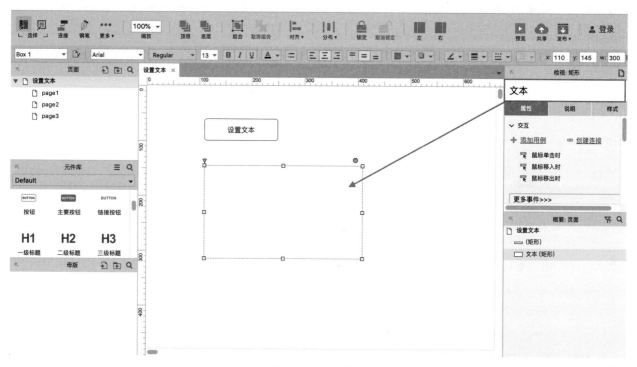

图 4-42　新建文件

（2）选中"设置文本"按钮，在元件交互属性区域双击"鼠标单击时"按钮，弹出"用例编辑"对话框，在"添加动作"区域选择"设置文本"选项，在"配置动作"区域选中"文本"复选框，将右下角文本值设置为"我是矩形元件"，如图 4-43 所示。

（3）按快捷键 F5 发布制作的原型。单击"设置文本"按钮，可以把文本内容设置到矩形元件上，如图 4-44 所示。

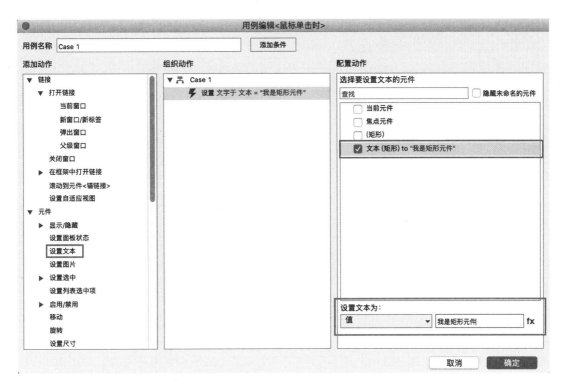

图 4-43 添加 "设置文本"

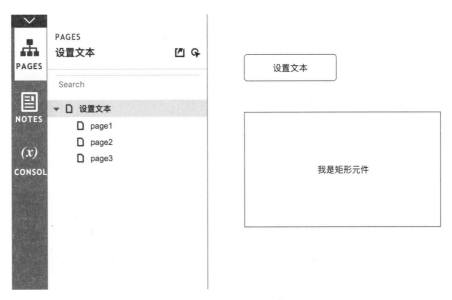

图 4-44 设置文本

（4）新建文件，拖入一个按钮元件到工作区，将按钮内容重新命名为"设置文本"。在元件交互属性区域双击"鼠标单击时"按钮，弹出"用例编辑"对话框，在"添加动作"区域选择"设置文本"选项，在"配置动作"区域选中"当前元件"复选框，将右下角文本"值"修改为"富文本"，见图 4-45（a），单击"编辑文本..."按钮，弹出"输入文本"对话框，如图 4-45（b）所示，在对话框内可以修改文本的字体和颜色。

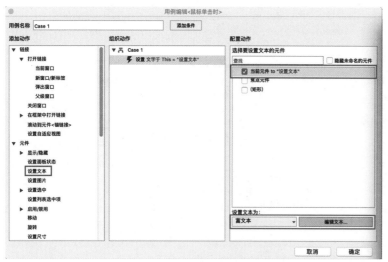
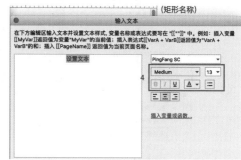

（a）修改文本　　　　　　　　　　　　　（b）设置文本字体

图 4-45　设置文本参数

（5）按快捷键 F5 发布制作的原型。单击"设置文本"按钮，可以看到文本设置结果，如图 4-46 所示。

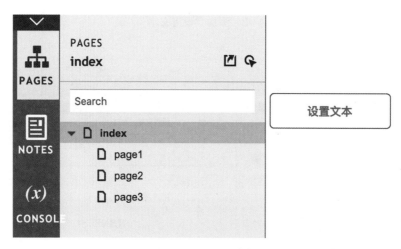

图 4-46　改变字体颜色

2. 设置元件移动行为

利用元件移动行为可以设置元件的相对位置和绝对位置，以及动画效果和移动的事件。

（1）新建文件，将 page1 重新命名为"移动页面"，删除 page2 和 page3，拖拽 4 个矩形元件到工作区，将文本内容分别设置为"春""夏""秋""冬"，将矩形元件的宽度设置为 80，高度设置为 80；选中 4 个矩形元件，单击"分布"，选择横向均匀分布；拖拽一个水平线元件，宽度设置为 80，线宽加粗，设置颜色为红色（FF3366），如图 4-47 所示。

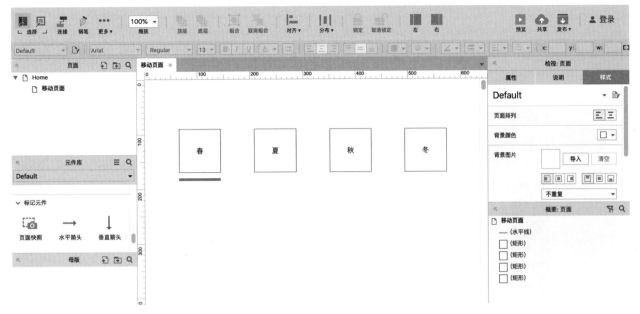

图 4-47　新建页面

（2）单击"春"矩形元件，在元件交互属性区域双击"鼠标单击时"按钮，弹出"用例编辑"对话框。在"添加动作"区域选择"移动"选项，在"配置动作"区域选中"水平线"复选框，并设置移动"到达"位置：x 为 65，y 为 180，动画效果选择"线性"，用时 500 毫秒，如图 4-48 所示。

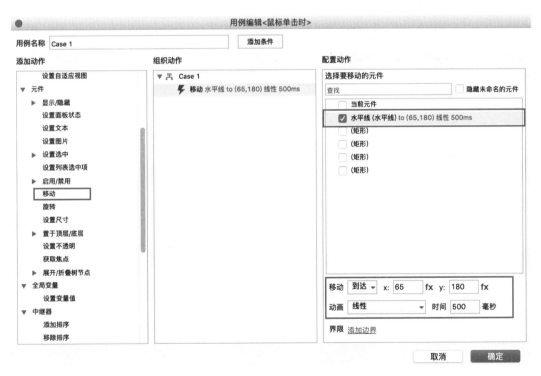

图 4-48　编辑"春"

注："移动"选项下"到达"表示绝对位置移动；"经过"表示相对位置移动。

（3）同上，分别为"夏""秋""冬"添加"移动"交互动作，"夏"的移动"到达"位置：x 为 208，y 为 180；"秋"的移动"到达"位置：x 为 351，y 为 180；"冬"的移动"到达"位置：x 为 494，y 为 180。最后按快捷键 F5 发布制作的原型。分别单击"春""夏""秋""冬"矩形元件，会发现红色的水平线随之移动，如图 4-49 所示。

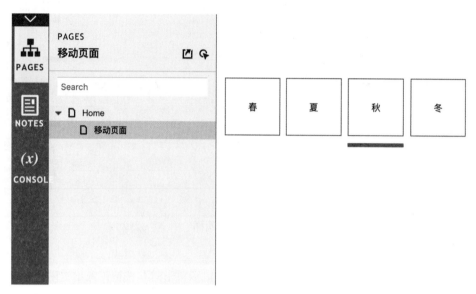

图 4-49　编辑"夏""秋""冬"

4.3.5　动态面板

"动态面板"是 Axure 中使用频率最高的元件之一。动态面板专门用于设计原型中的动态功能，它可以包含一个或多个状态，每个状态就是一个页面，在这里可以任意编辑，通过控制状态的切换或显示／隐藏来实现一些我们常见的交互效果。

动态面板有五大功能：容器、循环、拖动、多状态切换和固定位置，本节我们选取制作 App 低保真原型时经常用到的循环和固定位置进行讲解。

1. 动态面板简介

动态面板的创建方式有两种：一种是直接创建，在默认元件库中找到"动态面板"元件，将其拖到工作区，动态面板元件看上去是半透明的，但是，如果预览原型是看不到动态面板的；另一种是将其他元件转换为动态面板，方法为选择相应的元件后右击，在弹出的快捷菜单中选择"转换为动态面板"命令即可。

双击"动态面板"元件，弹出"面板状态管理"对话框，用户可以在该对话框中为动态面板添加不同的状态。

2. 动态面板的属性

单击"动态面板"元件，在 Axure 主界面右上角即可看到"检视：动态面板"，切换到"属性"选项卡，如图 4-50 所示。

（1）"自动调整为内容尺寸"复选框：自动调整动态面板大小以适应状态内容。

（2）"滚动条"下拉列表框：显示左、右滚动条。需要注意的是，为了正常显示滚动条，动态面板状态中的内容尺寸一定要比动态面板的固定尺寸大，且不能选中"自动调整为内容尺寸"复选框。

（3）"固定到浏览器"选项区。在浏览网页时拖动滚动条，页面会跟随滚动，但页面中总有一部分内容是保持在某个位置不动的，这时就会用到动态面板的"固定到浏览器"功能。

（4）"100% 宽度 < 仅限浏览器中有效 >"复选框：即能够随着浏览器的宽度改变自己的宽度，这个功能常用于响应式网页设计中。需要注意的是，将图像转化为动态面板是无法实现这个功能的。

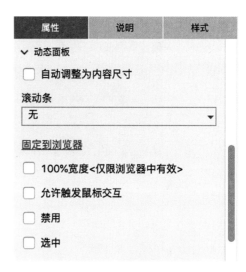

图 4-50　动态面板的属性

（5）"允许触发鼠标交互"复选框：如果对动态面板不同状态中的部件设置了"鼠标停放时""鼠标按下时"等交互样式，选中此复选框，当鼠标指针接触到动态面板的范围时，就会触发该部件的交互。

3．动态面板——循环

利用动态面板循环功能可以实现多图自动轮流播放，例如电商类 App 首页广告图的循环播放。

（1）新建文件，将 Home 页面重命名为"轮播图"，拖入一个动态面板元件到工作区，双击"动态面板"元件，在弹出的"面板状态管理"对话框中，设置动态面板名称为"图片显示区"，再添加两个新的面板状态，分别为"图片 1""图片 2"和"图片 3"，如图 4-51所示。

（2）在页面元素大纲区域双击"图片 1"进入编辑状态，拖入一个矩形元件放置在（0,0）位置，将填充颜色修改为红色（FF3366）；双击"图片 2"进入编辑状态，拖入一个矩形元件放置在（0,0）位置，将填充颜色修改为蓝色（66CCFF）；双击"图片 3"进入编辑状态，

图 4-51　新建"轮播图"

拖入一个矩形元件放置在（0，0）位置，将填充颜色修改为黄色（FFCC33），如图 4-52 所示。

（3）回到"轮播图"页面，单击"动态面板"元件，双击检视区的"载入时"交互触发事件，弹出"用例编辑"对话框，在"添加动作"区域选择"设置面板状态"选项，在"配置动作"区域选中"Set 图片显示区（动态面板）"复选框，设置选择状态为 Next，选中"向后循环"复选框，将循环间隔设置为 3000 毫秒，进入动画和退出动画均选择"向左滑动"，时间设置为 1000 毫秒，如图 4-53 所示。

（4）按快捷键 F5 发布制作的原型，如图 4-54 所示。

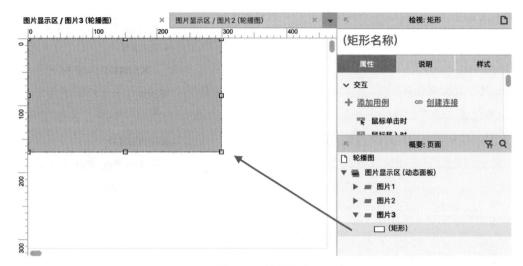

图 4-52　编辑状态

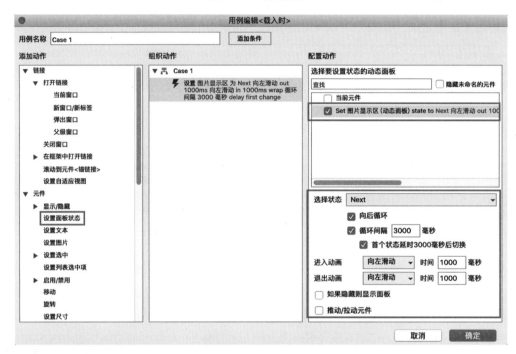

图 4-53　设置面板状态

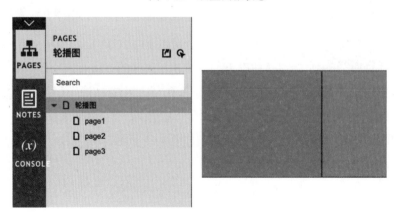

图 4-54　发布原型

4. 动态面板——固定位置

此处将用到动态面板属性选项卡中的"固定到浏览器"选项。我们在使用 App 上下滑动页面内容时，页面会跟随滚动，但页面的导航栏或其他内容是保持在某个位置不动的，例如网易云音乐的发现页面，如图 4-55 所示，在页面上下滑动时，导航栏看起来是固定在页面下方的。实际页面上下滑动时，视觉上保持不动的内容和滚动条的滚动位置保持相对固定，这里就用到了"固定到浏览器"设置，具体按照以下步骤操作：

（1）新建文件，拖入两个图片元件到工作区，分别双击并导入代替导航菜单与页面内容的图片，将它们摆放在合适的位置，如图 4-56 所示。

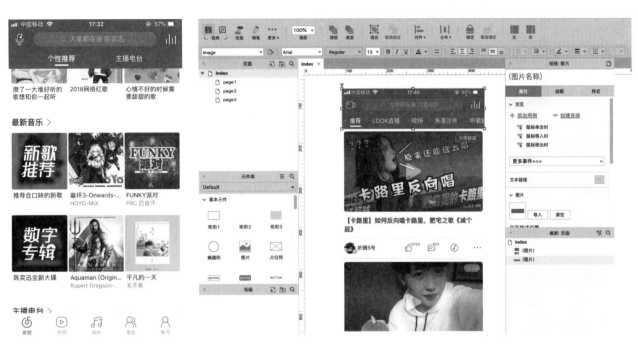

图 4-55　网易云发现页面　　　　　图 4-56　拖入图片元件

（2）在代替导航菜单内容的图片上方右击，在弹出的快捷菜单中选择"转换为动态面板"命令，如图 4-57 所示。

（3）在动态面板的"属性"选项卡中单击"固定到浏览器"选项，在弹出的对话框中选中"固定到浏览器窗口"复选框，"水平固定"选择"居中"，"垂直固定"选择"上"，如图 4-58 所示。

图 4-57　转换为动态面板

第 4 章　应用 Axure 进行界面原型设计　　69

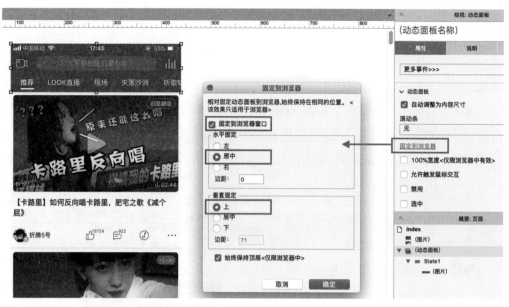

图 4-58　固定到浏览器

4.4　母版的使用

在制作原型过程中，通常会涉及很多相同的页面，包括页面的首部、版权信息、导航栏菜单等，如图 4-59 所示。如果不使用母版，则这些页面内容需要重复制作，工作量会随之增加，因此可以将这些相同的内容制作成母版供用户使用。当用户修改母版时，所有应用母版的页面都会随之发生改变，不需要再到每个页面里修改内容。

图 4-59　页面相同部分

4.4.1　母版的概念

在 Axure 中，母版可用来重复制作原型某个类似的功能，制作一次母版并保存在"母版"面板中，以便制作其他页面时进行复用。

一般来说，母版可以应用于页面的以下部分。

（1）导航栏。

（2）网站 header（头部），包括网站的 logo。

（3）网站 footer（尾部），包括网站的版权信息。

（4）经常重复出现的元件，比如分享按钮。

（5）Tab 面板切换的元件，在不同页面同一个 Tab 面板有不同的呈现方式。

在页面设计中使用母版，既能保持整体页面设计风格的一致性，又便于修改。在母版中进行修改，可以实现所有引用母版的页面同时更新，节省了大量的工作时间；同时，使用母版还会缩小 Axure 文件的体积，加快原型文件的预览速度。

4.4.2 母版的功能

用户在"母版"面板中可以完成母版文件的新建、文件夹的新建和查找母版等操作。

1. 新建母版

单击"母版"面板右上角的"新增母版"按钮，即可新建一个母版文件，输入母版名称"导航栏"，如图 4-60 所示。

2. 新建文件夹

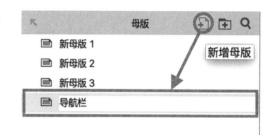

图 4-60　新建母版

有时在制作同一个项目时，可能会用到多个母版。为了方便管理母版，用户可以建立文件夹将同类或相同位置的模板进行归类。

单击"母版"面板右上角的"新增文件夹"按钮，即可在面板中新建一个文件夹，将其命名为"页面母版"，如图 4-61 所示。可以将导航栏母版及其他母版存放至文件夹中，如图 4-62 所示。

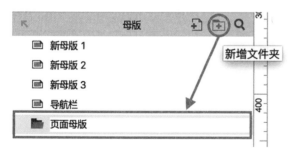

图 4-61　新建文件夹

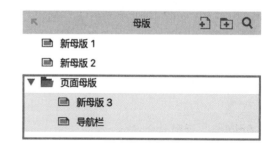

图 4-62　将母版加入文件夹

用户可以选择一个母版文件右击，在弹出的快捷菜单中选择"新增"文件夹、母版或子母版命令，还可以选择"移动"母版文件。

3. 查找母版

当面板中文件很多的时候，单击"母版"面板右上角的"搜索"按钮，在面板顶部出现搜索文本框，如图 4-63 所示，输入要查找的母版，即可快速查找到该母版。再次单击"搜索"按钮，将取消搜索，"页面"面板恢复默认状态。

4.4.3 母版的创建方法

可采用两种方法创建母版，一种是通过模板区域新建母版，另一种是将元件转化为母版。双击"母版"面板中的母版文件，即可进入母版编辑状态，用户在页面中的操作都将被保存在母版文件中。下面通过案例演示制作母版的两种方法。

图 4-63 搜索母版

1. 通过模板区域新建母版

在母版面板中单击"新增母版"按钮创建一个"导航菜单"母版文件，进入母版编辑状态，从元件库中拖拽五个矩形元件到工作区，宽度设置为 100，高度设置为 40，制作"首页""关于我们""新闻中心""人才招聘""联系我们"这 5 个菜单，如图 4-64 所示。

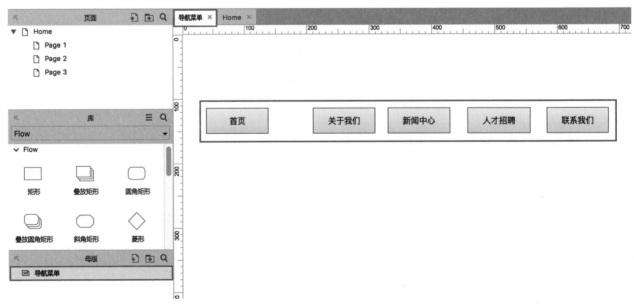

图 4-64 新建母版

图 4-64 中 5 个元件的间距明显不一样，应将它们调至均匀分布。选中 5 个元件，单击工具栏中的"分布"按钮，再选择"横向分布"命令即可实现均匀分布，如图 4-65 所示。

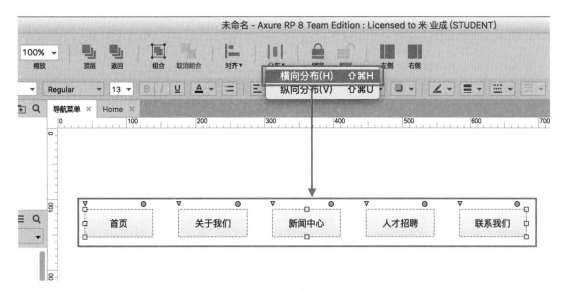

图 4-65　元件均布

在页面区域新建 5 个页面，分别命名为"首页""关于我们""新闻中心""人才招聘"和"联系我们"，用来显示这 5 个菜单的页面内容，如图 4-66 所示。

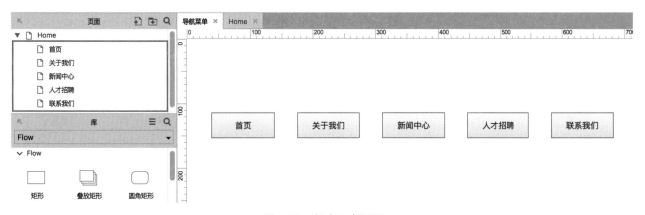

图 4-66　新建 5 个页面

将制作完成的母版分别引用到 5 个页面中。在模板区域右击"导航菜单"母版文件，在弹出的快捷菜单中选择"新增页面"命令，将母版引用到相应的页面里，如图 4-67 所示。

进入"首页"，可以看到母版的"导航菜单"已经被引用到了首页里面，如图 4-68 所示。同样，其他页面也已经引用了母版。

如果不想把母版引用到某个页面，可在"导航菜单"母版上右击，从弹出的快捷菜单中选择"从页面删除"命令，也可以直接在页面编辑区将该母版引用删除。

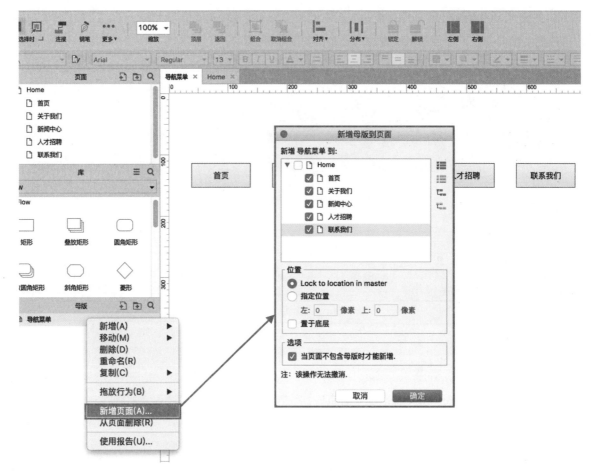

图 4-67　引用母版

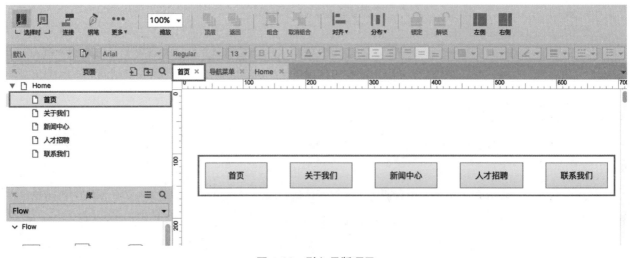

图 4-68　引入母版项目

通过母版区域新建母版，然后引用到页面里的方式适用于明确知道哪些内容要共用、复用的情况，例如软件的首部、导航菜单、版权信息等。

2. 将元件转化为母版

除了通过新建母版的方式创建母版，还可以将制作完成的页面中的元件转换为母版。

在页面编辑区新建一个页面"首页"，进入"首页"，同样制作5个菜单，如图4-69所示。

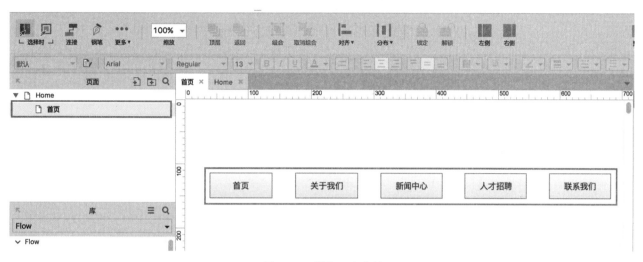

图4-69　制作5个菜单

同时选中这5个菜单后右击，在弹出的快捷菜单中选择"转换为母版"命令，在弹出的"转换为母版"对话框中将新母版命名为"导航菜单"即可，如图4-70所示。

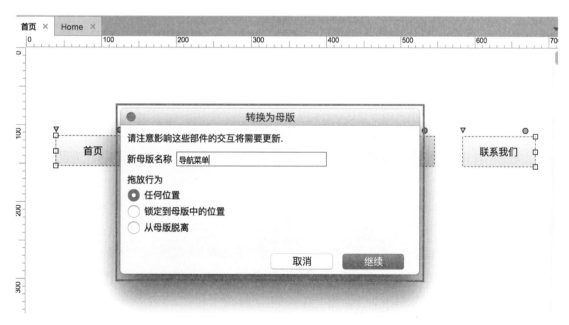

图4-70　"转换为母版"对话框

元件转换为母版后，就可以在模板区域看到转换后的母版"导航菜单"。这种方法适用于事先并不能确定哪些内容可以设计为母版的情况。

4.4.4 母版的拖放行为

双击"页面"面板中一个页面，进入编辑状态。在"母版"面板中选择一个模板文件，将其直接拖拽到页面中，即可完成模板的使用，如图 4-71 所示。

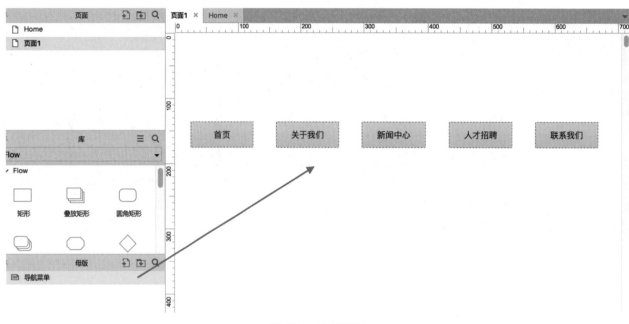

图 4-71　应用母版

Axure 提供了 3 种拖放方式应用母版：任何位置、锁定母版位置、从母版脱离。选中"母版"面板中的文件后右击，在弹出的快捷菜单中选择拖放行为。

1. 任何位置

"任何位置"是母版的默认拖放行为，可以将母版拖入页面中的任意位置，当修改母版时，所有引用该母版的原型设计图中的母版实例都会同步更新，只有坐标不会同步。实例更新后，母版图标变为 ![icon]。

2. 锁定母版位置

锁定母版位置是指将母版拖入页面后，母版实例中元素会自动继承母版页面中各元素的位置，不能修改。对母版所做的修改会在所有引用母版的实例中同时更新，实例更新后，母版图标变为 ![icon]。页面引用母版中的控件位置与母版中的位置相同，这种拖放行为常用于布局和底板。

3. 从母版脱离

从母版脱离是指将母版拖入到页面之后，母版实例将自动脱离母版，成为独立内容。母版实例可以再次编辑，而且修改母版对其不再有任何影响。这种拖放行为会使页面引用的母版与原母版失去联系，实例更新后，母版图标变为 。

4.4.5 实例——网易云音乐 App 标签栏

在前面的章节中，讲述了母版的使用、创建母版的两种方式以及母版的 3 种拖放行为。Axure 的母版会经常被用到，它可以减少设计原型的工作量，提高工作效率。下面通过设计网易云音乐 App 导航栏母版（见图 4-72），来学习在实际项目中是如何使用母版的。

（1）在母版区域新建一个母版，命名为"标签导航栏"，进入母版编辑状态。在默认元件库中拖拽一个矩形元件到工作区，将它修改为宽 375、高 667，填充灰色（F2F2F2）作为背景，再拖拽一个矩形元件到工作区，尺寸修改为宽 375、高为 20，填充红色（DB4137），取消描边，这样就模拟出一个手机界面基础形态，如图 4-73 所示。

（2）拖拽一个矩形元件，设置宽度为 375，高度为 46，颜色填充为灰色（E4E4E4），取消描边，作为标签导航背景；拖拽 5 个图片元件到底部的标签导航栏处作为图标，设置宽为 22、高为 22，调整第一个和最后一个图片的位置，选中全部 5 个图片，单击工具栏中的"分布"按钮，再选择"水平分布"命令；再拖拽 5 个标签元件，文本内容分别命名为"发现""视频""我的""朋友"和"账号"，分别放在 5 个图片下方，字号设置为 10 号，字体颜色为黑色（323232），标签也命名为"发现""视频""我的""朋友"和"账号"，如图 4-74 所示。

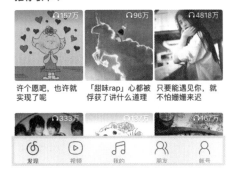

图 4-72　网易云音乐 App 导航栏

图 4-73　手机界面基础形态

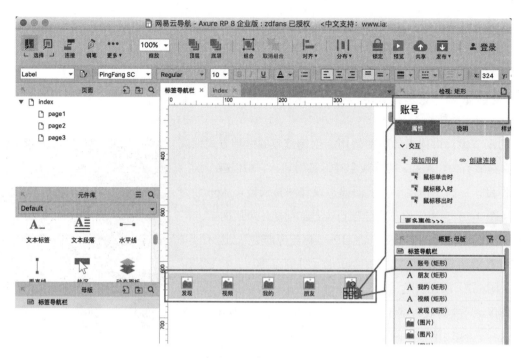

图 4-74 放置标签元件

（3）在页面编辑区建立 5 个页面"发现""视频""我的""朋友"和"账号"，拖拽一个图像热区元件放置在"发现"标签上面，宽度设置为 45，高度设置为 40，双击检视区域中的"鼠标单击时"选项，在弹出的用例编辑器中选择"链接"→"打开链接"→"当前窗口"，在右边"配置动作"区域选择"发现"页面，如图 4-75所示。

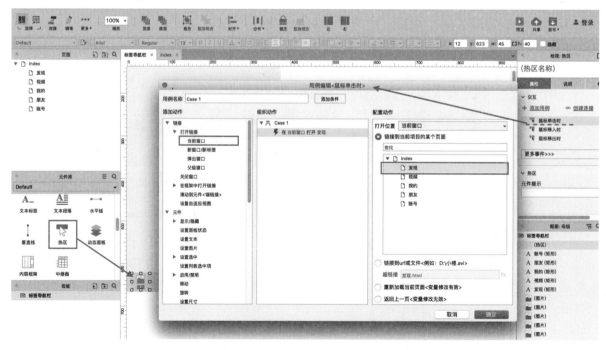

图 4-75 建立"发现"页面链接

（4）在"视频""我的""朋友"和"账号"标签上面分别拖拽一个图像热区元件，给它们添加"鼠标单击时"触发事件，在当前窗口打开相应的页面，如图4-76所示。

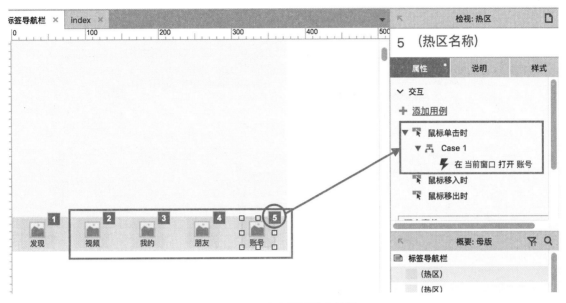

图 4-76　建立页面单击链接

（5）将标签导航母版通过新增页面的方式引用到"发现""视频""我的""朋友"和"账号"5个页面，如图4-77所示。

图 4-77　页面引用导航母版

（6）进入"发现"页面，在检视器面板添加"页面载入时"触发事件，在弹出的对话框中选择元件→设置文本，找到对应的"发现"文本框，设置文本为富文本，然后单击"编辑文本…"按钮，将字体颜色改为红色（FF0000），该标签导航菜单呈现为选中状态，如图 4-78 所示。采用同样的方式给其他 4 个标签导航设置选中状态。

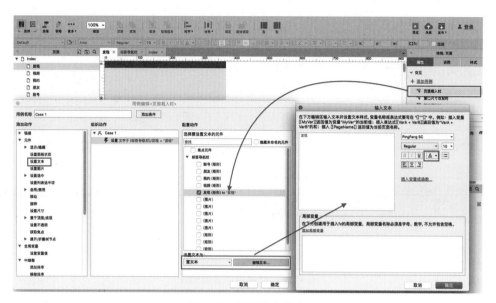

图 4-78 设置选中状态

（7）按 F5 键或者单击工具栏中的"预览"按钮，生成原型预览发布。在原型预览中单击不同的标签导航，相应的标签文字颜色会变为红色，呈现为选中状态，如图 4-79 所示。

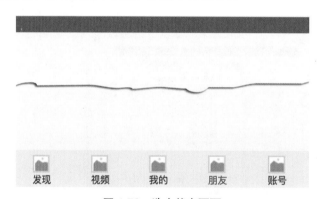

发现　　视频　　我的　　朋友　　账号

图 4-79 选中状态页面

课后练习

1. 熟练掌握 Axure 软件中页面编辑区的操作方法。

2. 熟练掌握 Axure 软件中流程图组件的应用。

3. 熟练掌握 Axure 软件交互方式设定。

4. 熟练掌握 Axure 软件母版的使用方法。

第 5 章 综合实战应用
——"爱彼迎"App 低保真原型设计

本章重点： 使用 Axure RP 进行 App 低保真原型设计。

教学目标： 通过本章的学习，学会运用 Axure RP 设计手机 App 低保真原型图，掌握 Axure 原型绘制技巧。

课前准备： 读者在课前应掌握软件基本工具和面板的操作。

教学硬件： 多媒体教室、计算机教室。

学时安排： 本章建议安排 8~12 个课时，任课教师可根据实际需要安排。

"爱彼迎"是一个旅行房屋租赁平台，用户可通过手机应用程序发布、搜索度假房屋租赁信息并完成在线预定程序。"爱彼迎"软件推出之后深受用户的喜爱。我们以公开发布的"爱彼迎"软件为例，分析软件表达的需求和最后结果，学习通过 Axure 原型设计工具来制作"爱彼迎"的低保真原型，进一步了解如何利用 Axure 原型设计工具设计移动 App 软件，以及掌握移动 App 常用的交互效果。"爱彼迎"软件界面如图 5-1 所示。

图 5-1　"爱彼迎"界面

5.1　需求描述

　　运用 Axure 原型设计工具制作"爱彼迎"App 低保真原型，以"探索"页面为例完成以下设计：

（1）利用 Axure 母版功能绘制"爱彼迎"App 的底部标签导航。

（2）制作"探索"页面搜索框相对固定效果。

（3）完成"探索"页面"人气目的地推荐""特惠房源"区域的布局设计。

（4）制作"探索"页面海报轮播图效果。

（5）制作"探索"页面内容上下滑动效果。

（6）制作"探索"页面"人气目的地推荐"左右滑动效果。

（7）制作"探索"页面"特惠房源"页签切换效果。

5.2 设计思路

实现以上设计需求，需要用到以下知识点。

（1）在进行页面布局设计时，需要用到标签元件、矩形元件、文本框（单行）元件、水平线元件、图片元件、动态面板元件等。

（2）在设计底部标签导航时，需要将它设计成模板，这样在页面里可以直接使用，避免重复制作和重复添加交互触发事件。

（3）制作海报轮播图效果时，需要选中"海报轮播显示区"复选框，"选择状态"设置为 Next，实现海报自动循环效果。

（4）制作页面搜索框相对固定效果，需要借助于动态面板的"固定到浏览器"进行设置。

（5）界面内容上下滑动效果和左右滑动效果，需要使用两个动态面板元件，动态面板里套动态面板，一个用来在外层控制显示区域，另一个用来添加拖动效果。

5.3 准备工作

进行低保真原型设计，不要使用截图或者过多的色彩，最好使用黑、白、灰三种颜色。交互设计师或产品经理在制作完低保真原型后，交互视觉设计师（UI 设计师或美工）来进行界面的高保真设计，他们会制作界面图片，并且切图。

由于要以 iPhone 6 手机背景作为原型的背景图，所以需要绘制 iPhone 6 手机背景或者载入 iPhone 6 手机背景部件库，这样绘制出的原型可以模拟出用户在手机上最真实的软件操作效果。

5.4 设计规范

开始原型设计之前，需要在元件库区域创建元件库，将 iPhone 6 手机背景画出来。需要注意的是 iPhone 6 界面原型设计稿尺寸和颜色规范。

（1）状态栏（status bar）：就是电量条，其高度为 20。

（2）导航栏（navigation）：就是顶部导航，有线其高度为45，没有线高度就是44。

（3）主菜单栏（submenu，tab）：就是标签栏，底部导航，其高度为46。

（4）文字大小：导航栏的文字最大值是14，底部标签栏图标下方的文字大小为10，内容区域的文字大小是10、12、14、16。

（5）各区域图标大小：导航栏图标为16，底部标签栏图标为23。

（6）疏远距离：比如，所有元素距离手机屏幕最左边的距离为15。

（7）亲密距离：比如，左边图标与右边文字之间的距离为10，其他距离为5、22等。

（8）颜色：文字黑色（282828），文字深灰色（656565），文字浅灰色（989898），边框浅灰色（C3C3C3），背景淡灰色（f2f2f2），按钮背景纯白色（ffffff）。

5.5 原型制作

5.5.1 底部标签导航母版设计

App 软件绝大多数都采用底部标签导航方式。底部标签导航一般会包含 3~5 个菜单，每个菜单承载各自的页面内容，将软件模块划分得很清晰，用户看到菜单名称，大致就可以知道这个页面所要表达的内容。

"爱彼迎"App 也采用标签导航方式，共有 5 个标签：探索、心愿单、故事、收件箱、我的。这 5 个标签在很多页面都会使用到，将它们制作成母版，可以达到一次制作、多次使用的效果。

下面以 iPhone 6 手机背景作为"爱彼迎"App 原型的背景，进行底部标签导航母版设计。

（1）新建文件，在母版区域新建一个母版"标签导航"，打开这个母版；在自己创建的"我的元件"元件库中载入"iPhone 6 线框图"元件到页面中，作为 App 软件的背景，如图 5-2 所示。

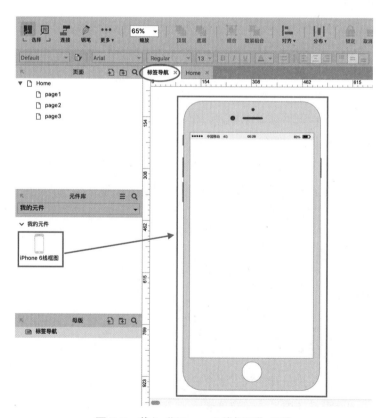

图 5-2 载入"iPhone 6 线框图"元件

（2）拖拽一个矩形元件，设置宽度为375，高度为46，颜色填充为灰色（F2F2F2），取消描边，作为标签导航背景。

拖拽5个图片元件到底部的标签导航栏处作为图标，设置宽度为23、高度为23，调整第一个图片到距离手机屏幕最左22的位置，最后一个图片到距离手机屏幕最右22的位置，选中全部5个图片，单击工具栏中的"分布"按钮，再选择"水平分布"命令。

再拖拽5个标签元件，文本内容分别命名为"探索""心愿单""故事""收件箱"和"我的"，分别放在5个图片下方，字号设置为10号，字体颜色为黑色（656565），标签也命名为"探索""心愿单""故事""收件箱"和"我的"，如图5-3所示。

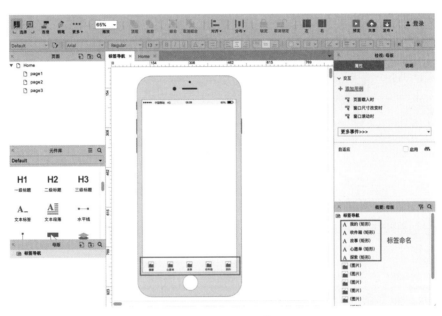

图5-3　设置标签元件

（3）在页面编辑区删除不用的子页面page1、page2、page3；将Home页面重命名为"探索"；新建4个页面，分别命名为"心愿单""故事""收件箱"和"我的"，拖拽一个图像热区元件放置在"探索"标签上面，宽度设置为45，高度设置为45，给它添加鼠标单击时触发事件，在当前窗口打开"探索"页面，设置完成后，热区元件右上角的数字"1"表示文件中已建立第一个热区触发事件，如图5-4所示。

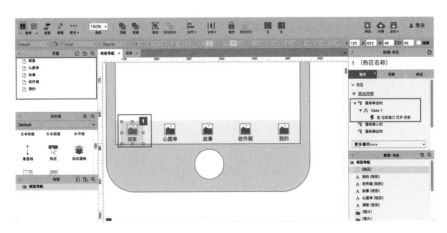

图5-4　Home页面添加触发事件

（4）在"心愿单""故事""收件箱"和"我的"标签上面分别拖拽一个图像热区元件，给它们添加鼠标单击时触发事件，在当前窗口打开相应的页面，如图 5-5 所示。

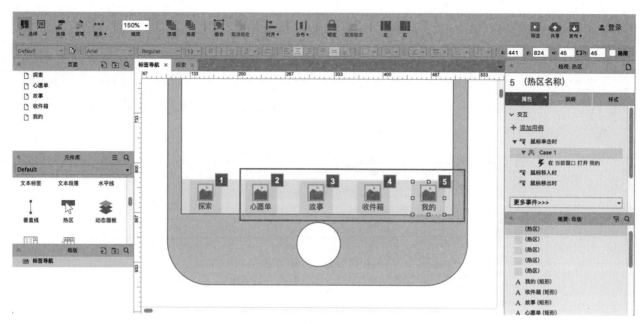

图 5-5　其他标签添加触发事件

（5）将标签导航母版通过新增页面的方式引用到"探索""心愿单""故事""收件箱"和"我的"5 个页面，如图 5-6 所示。

图 5-6　标签页面引用母版

（6）进入"探索"页面，在检视器面板添加页面载入时触发事件，通过富文本的方式设置"探索"文本内容，设置该标签导航菜单呈现选中状态时，字体颜色为粉红色（FF3366），如图 5-7 所示。运用同样的方法为其他 4 个标签导航设置选中状态。

图 5-7　设置文本内容

（7）按快捷键 F5 或者单击工具栏中的"预览"按钮发布预览，再单击不同的标签导航，相应的标签文字颜色会变成红色，呈现为选中状态，如图 5-8 所示。

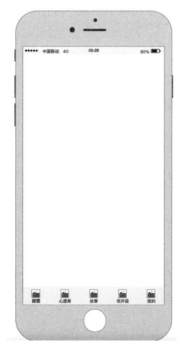

图 5-8　发布预览

第 5 章　综合实战应用 ——"爱彼迎"App 低保真原型设计　　87

5.5.2　搜索框及海报位区域布局设计

开始制作之前，先进入标签导航母版中，选中母版内的全部内容将它们的位置归零（x：0，y：0）。

（1）打开"探索"页面，拖入一个动态面板，命名为"搜索栏"，宽度设置为375，高度设置为64，放置在"x：23，y：113"位置。进入"搜索栏"动态面板的状态1中，拖入一个矩形元件，宽度设置为331，高度设置为48，放置在"x：22，y：0"位置，取消描边，添加阴影为灰色（999999），模糊度为10，如图5-9所示。

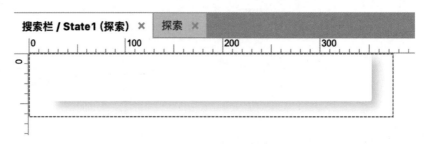

图 5-9　添加动态面板

（2）从icons元件库中拖入搜索图标，宽度设置为30，高度设置为30，放置在"x：44，y：10"位置，设置颜色为灰色（989898）；拖入标签元件，在其中输入"搜'拉斯维加斯'试试"，设置字体大小为14，颜色为灰色（989898），标签放置在x：98，y：14位置，如图5-10所示。

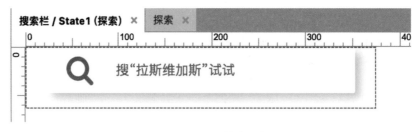

图 5-10　设置搜索图标

（3）回到"探索"页面，拖入一个动态面板元件，命名为"搜索界面"。进入"搜索界面"动态面板状态1中，拖入一个动态面板元件，命名为"滑动演示区"。（注：这里的层级关系是"搜索界面"→"滑动演示区"，后续的设计都在"滑动演示区"中进行。为了避免后续出错，这里建立动态面板的层级关系一定不能乱。）

（4）进入"滑动显示区"动态面板，拖入一个动态面板元件，宽度设置为375，高度设置为420，将动态面板的名称设置为"海报轮播显示区"。

建立3个状态，分别为"状态1""状态2"和"状态3"。在这3个状态里，分别拖拽一个占位符元件，宽度设置为373，高度设置为80，文本内容分别命名为"海报1""海报2"和"海报3"，"滑动显示区"动态面板放置在"x：0，y：0"位置，如图5-11所示。

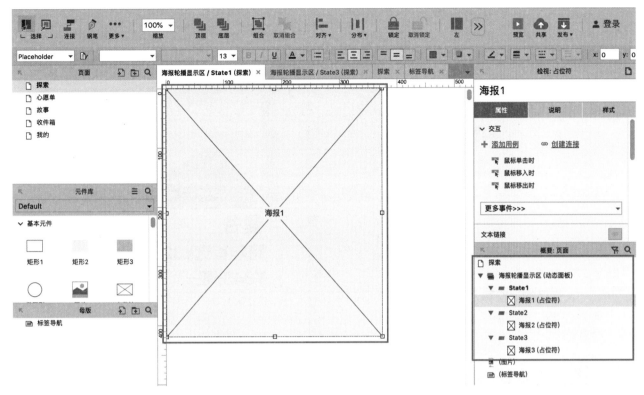

图 5-11　设置动态面板

5.5.3 "人气目的地推荐"布局设计

（1）设计"人气目的地推荐"区域布局。拖入一个标签元件，输入文字"人气目的地推荐"，字号设置为24，字体为粗体，突出显示，字体颜色为灰色（515151），标签放置在"x：22，y：464"位置；再拖入一个标签元件，输入文字"来这里寻找春日渐暖的预兆"，字号设置为16，字体为细体，字体颜色为灰色（515151），标签放置在"x：22，y：502"位置，如图 5-12 所示。

（2）在"滑动显示区"动态面板状态 1 上拖入一个动态面板元件，命名为"左右滑动显示区"，进入"左右滑动显示区"面板进行设计。用图片元件来代替目的地海报，宽度设置为 145，高度设置为 145，设置阴影为灰色（999999），模糊度 15。

再拖入一个矩形元件，双击输入相关文案，设置两种文本内容，"曼谷"字体加粗，字号为 14，颜色为深灰色（333333），突出显示；将住宿简介内容字号设置为 12 号，颜色为浅灰色（797979），不突出显示。

将图片放置在"x：22，y：0"位置，矩形放置在"x：22，y：79"位置，如图 5-13 所示。

（3）选中图片元件和矩形元件进行组合，然后复制 7 个，将最后一个组合放置在"x：1121，y：0"位置。选中全部 8 个组合元件，单击工具栏中的"分布"按钮，再选择"横向均匀分布"命令，将每个组合的对应文案修改一下，结果如图 5-14 所示。

（4）回到"滑动显示区"面板状态 1 中，选中"左右滑动显示区"，将宽度设置为 1308，高度设置为 177，将其放置在"x：0，y：546"位置，如图 5-15 所示。

图 5-12 "人气目的地"区域布局

图 5-13 设置"左右滑动显示区"

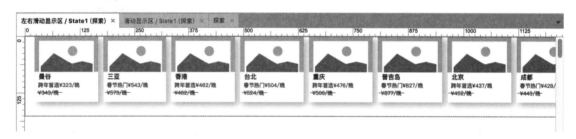

图 5-14 复制页面组合

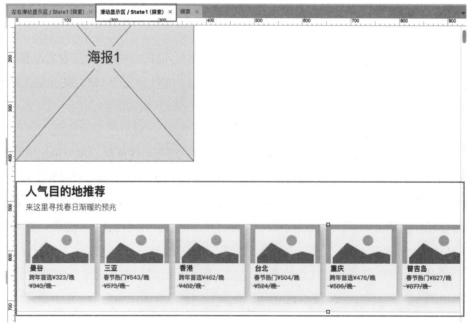

图 5-15 设置"滑动显示区"位置

5.5.4 "特惠房源"布局设计

（1）复制"人气目的地推荐"标题文案，修改为"新年特惠房源"信息文案，放置在"x：22，y：756"位置，如图 5-16 所示。

（2）在"滑动显示区"面板状态 1 中拖入一个动态面板元件，命名为"页签显示区"，建立 5 个状态，分别为"上海""成都""杭州""丽江"和"苏州"，如图 5-17 所示。

（3）进入"上海"状态，拖拽 5 个矩形元件，将宽度设置为 60，高度设置为 30，设置阴影偏移"x：2，y：2"，填充浅灰色（666666），模糊度为 5。

选中 5 个矩形元件，设置间隔为 10，横向均匀分布（第一个矩形元件位于"x：22，y：0"位置），从左至右依次命名为"上海""成都""杭州""丽江"和"苏州"。

将"上海"矩形元件颜色填充为深灰色（797979），字体颜色设置为白色，作为选中状态，如图 5-18 所示。

（4）用图片元件来代替酒店信息海报，宽度设置为 160，高度设置为 106；再拖入一个矩形元件，双击输入相关文案，设置两种文本内容，最上面的地标信息字号为 10，颜色为红色（990000）；住宿地址信息字号设置为 14 号，颜色为深灰色（515151）。图片放置在"x：22，y：48"位置；矩形放置在"x：22，y：158"位置。将图片和矩形复制 3 个，结果如图 5-19 所示。

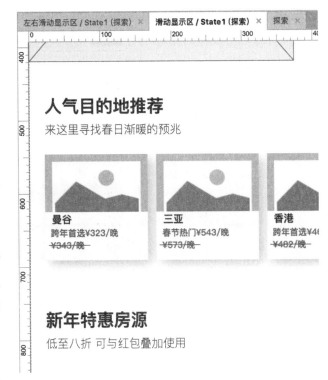

图 5-16　复制文案

图 5-17　新建立状态

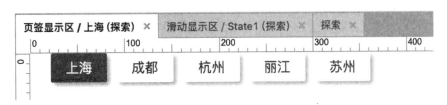

图 5-18　位置设置

图 5-19　信息海报设置

（5）拖入一个矩形元件，宽度设置为 329，高度设置为 35，取消填充，边框颜色设置为深灰色（515151）；双击矩形元件，在其中输入"显示更多上海的房源"，设置字号为 13 号，字体颜色为深灰色（515151），如图 5-20 所示。

（6）选中所有内容，将其复制到"成都"状态中，选中"成都"页签，修改住房文案为成都的信息，如图 5-21 所示。

（7）利用上述方法，修改"杭州""丽江"和"苏州"页签选中状态的信息。

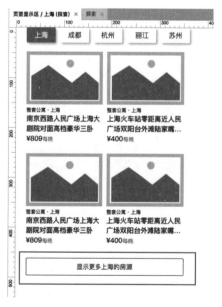

图 5-20　添加选项

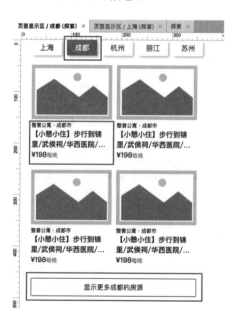

图 5-21　"成都"页签选中状态信息

5.5.5　海报轮播图效果制作

App 软件经常需要展示一些商品广告信息，最合适的展示方式就是海报轮播方式。"爱彼迎" App 也采用了这种方式，在"探索"页面里将广告图片进行自动轮播。

（1）进入"滑动显示区"面板状态 1 中，选中"海报轮播显示区"动态面板，给它添加页面载入时触发事件，如图 5-22 所示。

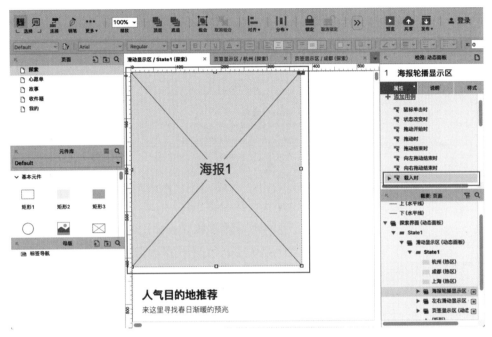

图 5-22　添加页面载入时触发事件

（2）设置面板状态。选中"海报轮播显示区"复选框，"选择状态"设置为 Next，让它从最后一个到第一个自动循环，间隔 3000 毫秒，"进入动画""退出动画"均选择向左滑动，时间均为 1000 毫秒，如图 5-23 所示。

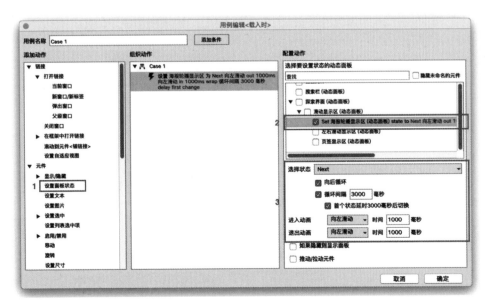

图 5-23　轮播设置

（3）按 F5 键发布原型预览，可以看到"探索"页面里的广告自动轮播效果，如图 5-24 所示。

图 5-24　发布原型

5.5.6 "探索"页面上下滑动与回弹效果制作

"探索"页面内容较多，手机屏幕上无法显示其全部内容，可以通过上下滑动其页面来查看完整的页面内容。下面开始制作"探索"页面内容上下滑动效果。

（1）选中"滑动显示区"动态面板，为它添加"拖动时"触发事件，如图 5-25 所示。

图 5-25　添加"拖动时"触发事件

需要注意的是，在"探索"页面中，我们先放置了一个"探索界面"动态面板，它的作用是控制页面滑动时的显示范围，而在"探索界面"动态面板中又放置了一个"滑动显示区"动态面板，它的作用是实现上下滑动效果。

（2）双击"滑动显示区"面板元件，在弹出的"用例编辑"对话框中，在"添加动作"区域选择"移动"这个动作，在"配置动作"区域选中"滑动显示区"复选框，移动方式设置为"垂直拖动"，如图5-26所示。

图 5-26　设置垂直拖动

（3）再为"滑动显示区"动态面板添加"拖动结束时"触发事件。在"用例编辑"对话框中，给事件添加条件，即向下滑动时，如果滑动值大于0，就让"滑动显示区"动态面板回到原始位置，如图5-27、图5-28所示。

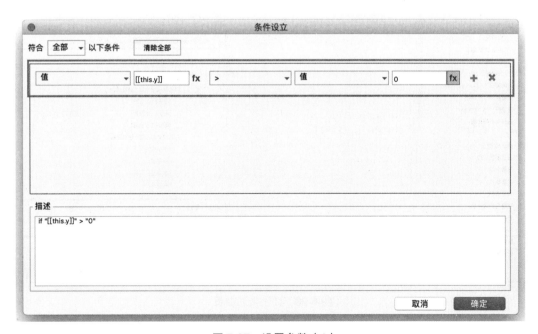

图 5-27　设置参数（1）

图 5-28　设置参数（2）

（4）向上滑动时，最外层动态面板"探索界面"的高度是601，里层动态面板"滑动显示区"的高度是1358，也就是说可以向上滑动的范围是757。当滑动值大于757时，让"滑动显示区"动态面板到达"x:0,y:-757"位置，如图5-29所示。

图 5-29　向上滑动参数

（5）按 F5 键发布原型预览，滑动显示区上下移动，可以实现上下滑动效果，如图 5-30 所示。

图 5-30　发布原型

5.5.7　"人气目的地推荐"区域左右滑动与回弹效果制作

"人气目的地推荐"区域采用横向布局的方式，因为有很多推荐内容，在横向上无法将所有内容显示出来，所以需要制作左右滑动效果，才能查看所有内容。

（1）选中"左右滑动显示区"动态面板，为它添加"拖动时"触发事件，如图 5-31 所示。

图 5-31　添加左右滑动触发事件

（2）双击"左右滑动显示区"动态面板元件，在弹出的"用例编辑"对话框中，在"添加动作"区域选择"移动"这个动作，在"配置动作"区域选中"左右滑动显示区"复选框，移动方式设置为"水平拖动"，如图5-32所示。

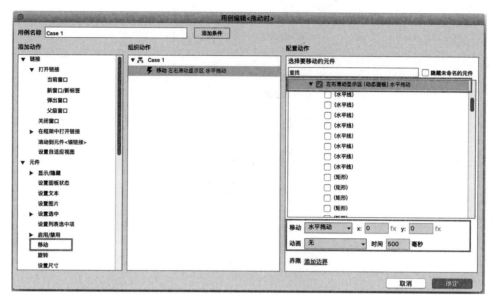

图 5-32　设置水平拖动

（3）再为"左右滑动显示区"动态面板添加"拖动结束时"触发事件，有左右滑动两种情况。向右滑动时，如果滑动的值大于10，就让"左右滑动显示区"这个动态面板回到原始位置"x:0，y:546"，参数设置如图5-33所示。

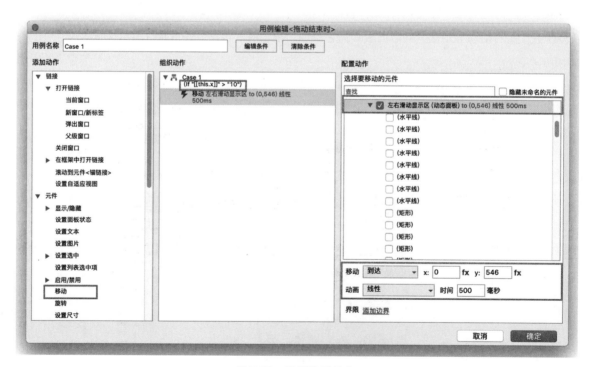

图 5-33　设置拖动结束

（4）向左滑动时，最外层动态面板"探索界面"的宽度是 375，里层动态面板"左右滑动显示区"的宽度是 1308，即可以向左滑动的范围是 933。当滑动值大于 933 时，就让"左右滑动显示区"这个动态面板到达位置"x: –933，y: 546"，参数设置如图 5-34 所示。

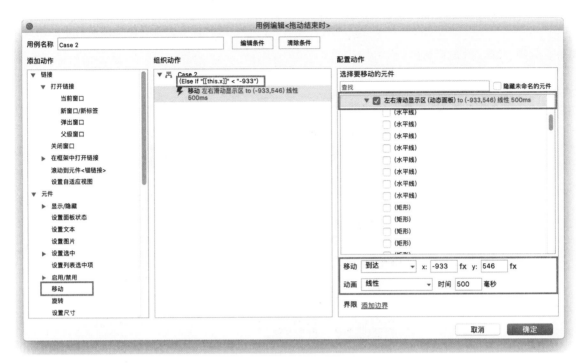

图 5-34　设置向左滑动

（5）按 F5 键发布原型预览，"人气目的地推荐"区域可以实现左右滑动效果，如图 5-35 所示。

图 5-35　发布原型

5.5.8 "新年特惠房源"页签切换效果制作

"新年特惠房源"区域是通过页签切换，实现不同状态内容的展示。下面制作页签切换效果。

（1）进入"探索"页面，拖拽一个图像热区元件，放置在"上海"页签中，为它添加"鼠标单击时"触发事件，实现页签和页签内容联动效果，设置完成后，热区元件右上角的数字表示这是当前文件中的第几个热区触发事件，如图 5-36、图 5-37 所示。

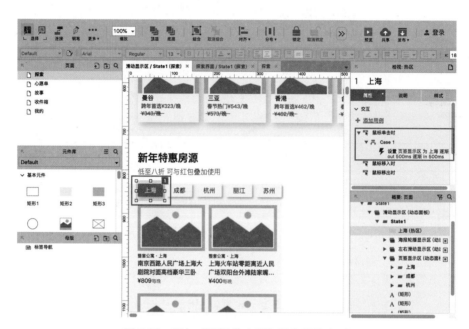

图 5-36 添加"鼠标单击时"触发事件（1）

图 5-37 添加"鼠标单击时"触发事件（2）

（2）用同样的方法拖拽图像热区元件到"成都""杭州""丽江"和"苏州"页签，为它们添加"鼠标单击时"触发事件，实现页签和页签内容联动效果，如图5-38所示。

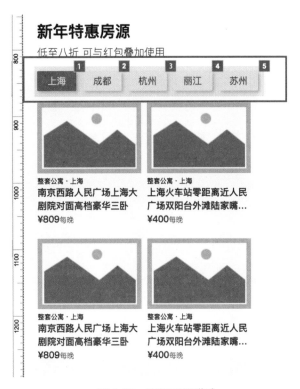

图5-38　实现页签联动

（3）按F5键发布原型预览，单击页签，可以看到"新年特惠房源"区域的状态栏和内容发生联动，通过页签切换可以显示相应的内容，如图5-39所示。

图5-39　发布原型

通过制作"爱彼迎"App低保真原型，读者应当学会：

（1）使用标签元件、矩形元件、文本框（单行）元件、横线元件、图片元件、动态面板元件等进行页面的布局设计。

（2）使用Axure母版功能来设计App软件的底部标签导航；将它制作成模板，可以在其他页面直接使用。

（3）制作海报轮播效果。

（4）制作页面内容上下滑动效果。

（5）制作页面内容左右滑动效果。

（6）制作页签切换效果。

课后练习

"爱彼迎"App通过标签导航菜单被划分为5个功能模块，按照实现"探索"模块内容的设计方式来设计"心愿单""故事""收件箱"和"我的"4个模块内容。

需求描述：

（1）"心愿单"模块页面内容布局设计；

（2）"心愿单"页面内容上下滑动效果制作；

（3）"故事"模块页面内容布局设计；

（4）"故事"页面内容上下滑动和左右滑动效果制作；

（5）"收件箱"模块页面内容布局设计；

（6）"我的"模块页面内容布局设计。

第6章　Adobe Illustrator 概述

本章重点： 熟悉 Adobe Illustrator 的界面构成。

教学目标： 通过本章的学习，了解 Adobe Illustrator 的基本
操作界面，为后续章节的学习打下基础。

课前准备： 读者可在课前预习本章所讲内容。

教学硬件： 多媒体教室、计算机教室。

学时安排： 本章建议安排 4 个课时，任课教师也可根据实
际需要安排。

Adobe Illustrator 是图形驱动的软件，主要用于创建矢量图形。Adobe Illustrator 与 Adobe Photoshop 一起开发，作为一个配套产品，用于为 Adobe Photoshop 的图片逼真布局创建徽标、图形、卡通和字体。Adobe Illustrator 是设计师接受度很高的行业标准的矢量图形编辑软件，除了对矢量图形进行制作和编辑外，还能够对位图进行处理，也支持矢量图与位图之间的相互转换。它具有快速上手的特点、响应迅速的性能和精确的工具，很容易使人将注意力集中在设计上，而不是流程上。

人们使用 Adobe Illustrator 模拟整个网页，以及应用程序、网站甚至图标集的移动用户界面元素，也使用 Adobe Illustrator 来创建丰富而引人入胜的信息图形，当然，还有有趣的卡通。矢量图形可以跨文档应用，与其他设计应用程序（如 Photoshop、Axure、Effect 和 Premiere Pro 等）无缝协作；矢量图形可以缩放到移动屏幕或广告牌大小，并且看起来总是清晰美观。利用 Adobe Illustrator 可以很快地为网页、视频等添加艺术作品，特别是在 UI 设计、Web 移动设备的图标以及版式设计领域。

6.1　Adobe Illustrator 介绍

Adobe Illustrator 是美国著名设计软件开发企业 Adobe 公司开发的可以运行于 Apple Macintosh 计算机或装有 Windows 的个人计算机的专业图像编辑应用程序，Adobe Illustrator 也常被简称为 AI。

1. Adobe Illustrator 的发展

Adobe Illustrator 历史悠久，1987 年 Adobe 公司就推出了 Adobe Illustrator 1.1 版本，2001 年发布了 Adobe Illustrator 10.0 版本。后期被纳入到 Creative Suite 套装后不用数字编号，而改为 CS 版本，2002 年发布 Adobe Illustrator CS，2012 年发行 Adobe Illustrator CS6，2013 年发行 Adobe Illustrator CC。2018 年 Adobe 公司旗下系列产品全线更新，AI 也随之升级到了 Adobe Illustrator CC 2019，即 Creative Cloud。设计师可以使用 Creative Cloud 与团队进行共享、编辑与协作。随着软件的更新，软件的版本越高，功能就越强大，作图的速度也就越快。

2. Adobe Illustrator 的设计优势

Adobe Illustrator 具有以下优势。

（1）进行界面设计制作时只需要矩形、椭圆、圆角矩形这些简单的几何形状，不需要结构和色彩非常复杂的图形。如 App 图标按钮的制作，使用 Adobe Illustrator 在后期可以很容易地调整图标按钮圆角的半径大小，同时保持图标按钮的图形样式不变。

（2）Adobe Illustrator 对矢量图的编辑具有无损性，例如，使用矢量画笔工具画图形不会影响同一图层的其他部分，而且矢量编辑操作部分是可逆的。

（3）Adobe Illustrator 保证无损性编辑这个特性，很大程度上是由于其自带的矢量效果和像素图效果。

（4）在 Adobe Illustrator 中制作用于印刷、Web、交互视频和移动设备的图标、线稿、版式和插图可以较为方便地完成从排版布局、绘制图形、上色到切图导出的全部流程，用它进行设计时不必中途换软件环境。

6.2 Adobe Illustrator 的主界面

Adobe 公司为保持其产品界面的统一，将 Illustrator 软件的界面设计得与 Photoshop 软件界面非常相似。Adobe Illustrator 的主界面如图 6-1 所示。

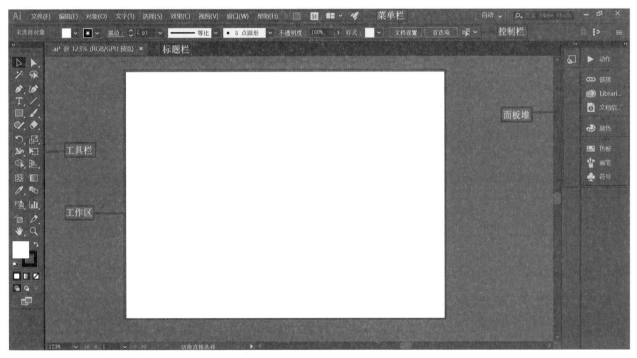

图 6-1 Adobe Illustrator 的主界面

1. 菜单栏

菜单栏中有文件、编辑、对象、文字、选择、效果、视图、窗口和帮助 9 个菜单项，如图 6-2 所示，每一个菜单中都包含不同类型的命令。在菜单命令右侧有一些字母，按下"Alt+ 字母"组合键可以使用快捷方式打开命令。

| Ai | 文件(F) | 编辑(E) | 对象(O) | 文字(T) | 选择(S) | 效果(C) | 视图(V) | 窗口(W) | 帮助(H) |

图 6-2 菜单栏

（1）"文件"菜单。利用该菜单可以实现文件的基本操作，例如新建、从模板新建、打开、关闭、存储、置入、导出、退出等。

（2）"编辑"菜单。该菜单中包含软件操作过程中的一些编辑命令，可以完成剪切、复制、粘贴、在所有画板上粘贴、首选项等操作。

（3）"对象"菜单。该菜单中包含与软件视图显示相关的所有命令，例如可以控制移动、旋转的角度和方向的"变换"选项，可以调节图片的大小、存储为 Web 格式的"切片"选项，实现路径和图形相互转换的"形状"选项等。

（4）"文字"菜单。该菜单包括专业文字处理功能，例如常规的"字体""大小"设置功能，还有调整文本区域大小的"区域文字选项"，将多种字体分别设置合并为一种的"复合字体"选项等。

（5）"选择"菜单。该菜单包括设计对象的多种选择方法工具，例如"全部"选择对象，选择所选对象以外的其余对象的"反向"功能等。

（6）"效果"菜单。该菜单的功能主要是为对象添加效果，例如增加二维图形的 Z 轴纵深来创建三维效果的"3D"选项，矢量图变成位图创建栅格化外观的"栅格化"选项，对水平和垂直进行缩放、移动角度的"扭曲和变换"选项等。

（7）"视图"菜单。该菜单通过放大、缩小画面的显示比例，以清晰查看画面的细节或查看整体的画面效果，例如"放大""缩小"选项，将当前文稿内的所有画板和内容最大限度地显示在工作界面中的"全部适合窗口大小"选项，将画面按 100% 的比例进行显示的"实际大小"选项等。

（8）"窗口"菜单。该菜单主要针对面板的调整，可以通过窗口菜单随时打开或关闭面板，并通过拖放摆放面板的位置。

（9）"帮助"菜单。当遇到系统问题的时候，可在"帮助"里搜索解决办法，或者进行版本更新、获取系统信息。

2. 控制栏

控制栏中显示了当前所选工具的选项。选择的工具不同，控制栏中的选项内容也会随之改变，如图 6-3 所示。

图 6-3　控制栏

在控制栏中可对选中图形进行颜色、图案等的填充，可以进行设置描边大小、不透明度、样式等操作。

3. 工具栏

工具栏中包含用于创建和编辑图形、图标、页面等元素的工具。常用的工具有钢笔工具、文字工具、矩形工具、铅笔工具、选择工具、线段工具、画笔工具、橡皮擦工具等，如图 6-4 所示。

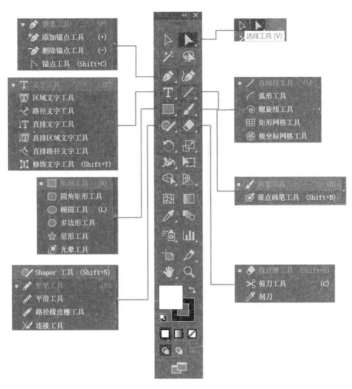

图 6-4　工具栏

4. 画板堆

画板堆用于编辑图稿、设置工具参数和选项等，可以对各类绘图面板进行编组、堆叠和停放等操作。

5. 工作区

工作区用于显示目前正在进行某种操作的文件，Adobe Illustrator 软件界面中使用各种元素（如面板、栏以及窗口）来创建和处理文档和文件。这些元素的任何排列方式称为工作区，除了默认的预设工作区，也可以从多个预设工作区中进行选择或创建自己的工作区。

6. 文档栏

文档栏显示当前文件的名称、视图比例和颜色模式等信息。
在文档栏中，当文件名右上角出现"*"符号时（见图 6-5），表示当前文件未保存。

ohjtct-1h6f.jpg* @ 100% (RGB/GPU 预览)　×

图 6-5　文档栏

第7章 应用 Adobe Illustrator 进行界面图标设计

本章重点： 熟悉 Adobe Illustrator 的操作流程。

教学目标： 掌握 Adobe Illustrator 与界面图标设计相关的基本操作。

课前准备： 读者可在课前搜集界面图标，并阅读计算机图形设计的相关书籍。

教学硬件： 多媒体教室、计算机教室。

学时安排： 本章建议安排 4~6 个课时，任课教师可根据实际需要安排。

7.1 Adobe Illustrator CC 的常用基本操作

Adobe Illustrator CC 中的所有操作都是在文件中完成的，本节将介绍如何新建文件、从模板新建文件、关闭和打开文件。

1. 新建文件

用 Adobe Illustrator CC 新建文件，可以通过菜单或者快捷键进行操作，也可以通过模板新建文件。

1）通过菜单新建文件

在菜单栏中选择"文件"→"新建"命令。

2）通过快捷键新建文件

按快捷键 Ctrl+N，会出现"新建文档"对话框，如图 7-1 所示。

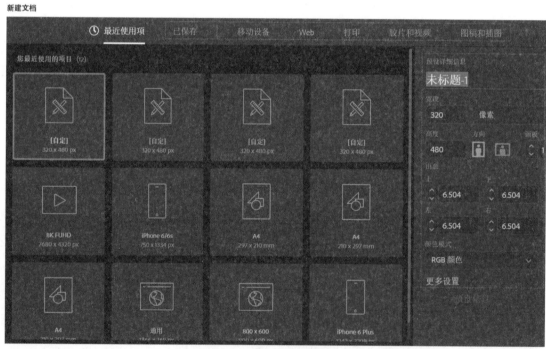

图 7-1 "新建文档"对话框

该对话框中各选项的作用简要介绍如下。

文件部分：可以选择预设的文档，包括移动设备、Web、打印、胶片和视频、图稿和插图。

预设详细信息部分：包括预设文件的尺寸、方向、颜色模式等信息参数，具体设置参数有预设详细信息（在该文本框中可以输入新建文件的名称，该名称将作为存储文件的默认名称，当选择自定义画板大小时，可以在其中直接输入数值）、宽度、高度（这两个文本框用于设置画板的宽度与高度）、方向（设置画板的方向，有纵向和横向两种选择）、出血（有"上""下""左""右"四个文本框，在其中可以输入需要保留的出血值）和颜色模式（用于选择颜色模式，有"RGB 颜色"和"CMYK 颜色"两种）选项。

3）从模板创建新文件

在菜单栏中选择"文件"→"从模板新建"命令，如图 7-2 所示，打开"从模板新建"对话框，如图 7-3 所示，可以从中选择模板。

图 7-2　从模板新建文件

图 7-3　选择模板

可选择的模板有 T 恤、标签、促销、横幅广告、红包、卡片和邀请函、名片、网站和 DVD 菜单等，通过"从模板新建"命令选择模板时，Adobe Illustrator CC 将使用与模板相同的内容和文档设置创建一个新文件，但不会改变原始模板文件。

2. 保存文件

新建文件后，可在菜单栏中选择"文件"→"存储为"命令，或按快捷键 Shift+Ctrl+S，打开"存储为"对话框，输入文件名。Adobe Illustrator 提供了 6 种保存类型，如图 7-4 所示，选择恰当的存储类型，单击"保存"按钮。

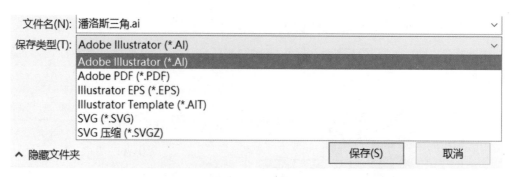

图 7-4　保存类型

Adobe Illustrator 6 种存储类型分别是：

（1）Adobe Illustrator（*.AI）。AI 格式是 Adobe Illustrator 自身文件的默认格式，这个格式类型占用硬盘空间小，打开速度快，方便格式转换。

（2）Adobe PDF（*.PDF）。PDF 格式是用于 Adobe Arobat 电子文档图像的文件格式，采用这种格式，无论在哪种打印机上都可保证精确的颜色和准确的打印效果。该格式文件可以包含超文本链接、声音和动态影像等电子信息，支持特长文件，支持跨平台操作。。

（3）Illustrator EPS（*.EPS）。EPS 是 Encapsulated PostScript 的缩写，EPS 格式常用于印刷或打印输出。

（4）Illustrator Template（*.AIT）。AIT 格式保存后存储为 AI 的模板，在用户需要使用时可以方便调用。

（5）SVG（*.SVG）。SVG 的英文全称为 scalable vector graphics，它是一种可缩放的矢量图形格式。

（6）SVG 压缩（*.SVGZ）。SVGZ 是 SVG 的压缩版，导出后可以直接用浏览器观看。

3. 关闭文件

当设计完成后或不再对文件进行编辑操作时，可以关闭文件。方法为：单击文档窗口右上角的"关闭"按钮，或执行"文件"→"关闭"命令，也可按快捷键 Ctrl+W 或 Ctrl+F4。

4. 打开文件

执行"文件"→"打开"命令，或按快捷键 Ctrl+O，将保存在文件夹中的文件选中，然后单击"打开"按钮，便可打开已经保存的文件。

5. 使用缩放工具查看设计图稿

画设计图稿或编辑对象时，为了能够更好地观察和处理对象细节，需要放大或缩小视图、调整对象在工作区的显示位置。使用缩放工具在画面中单击，可以放大视图的显示比例；另外使用"Ctrl"+"+"或者"Ctrl"+"-"组合快捷键可以将视图放大或缩小，还可以使用"Alt"+"滚轮"进行以鼠标位置为中心的视图缩放。

6. 使用抓手工具查看设计图稿

放大或缩小比例后，使用抓手工具 🖐 在窗口单击并拖拽可移动画面，图7-5 示出了使用缩放及抓手工具观察图片的操作效果。

图 7-5　缩放及移动操作

7. 切换屏幕模式

单击工具栏底部的"更换屏幕模式"按钮，可以显示一组用于切换屏幕模式的命令，也可以直接按 F 键，在各个屏幕模式之间循环切换。图7-6 示出了 3 种屏幕模式。

图 7-6　切换屏幕模式

8. 还原与重做

在做设计图稿的过程中，经常会出现一些失误，或者出现对设计图稿效果不满意的情况，此时可执行"编辑"→"还原"命令，或按 Ctrl+Z 快捷键，撤销上一步操作，连续按 Ctrl+Z 键，可以连续撤销操作。要恢复被撤销的操作，可执行"编辑"→"重做"命令，或按 Shift+Ctrl+Z 快捷键。

7.2 常用工具的基本操作

7.2.1 线段工具

线段工具包括"直线段工具""弧形工具""螺旋线工具""矩形网格工具"和"极坐标网格工具"，见图 6-4 中线段工具面板。

直线段工具 ✏ 用于创建直线，在绘制的过程中按住 Shift 键，可以创建水平、垂直或以 45° 角方向为增量角度的直线，如图 7-7（a）所示；按住 Alt 键，可以绘制以鼠标单击点为中心的直线。单击直线段工具图标，打开"直线段工具选项"对话框，如图 7-7（b）所示，可设置长度和角度。

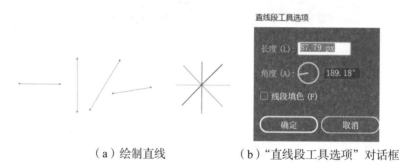

（a）绘制直线　　　　　（b）"直线段工具选项"对话框

图 7-7　直线段工具及应用

弧形工具 ✏ 用于创建弧线，在绘制的过程中按住 X 键，可以切换弧线的凹凸方向，按"↑""↓""←""→"键可以改变弧线的弧度，如图 7-8（a）所示，按住 C 键，可以创建闭合图形。也可以单击弧形工具图标，在打开的"弧线段工具选项"中设置，如图 7-8（b）所示。

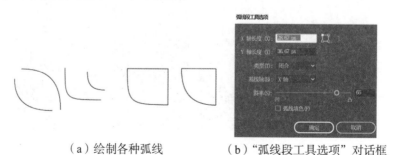

（a）绘制各种弧线　　　　　（b）"弧线段工具选项"对话框

图 7-8　弧形工具及应用

螺旋线工具用于创建螺旋形线，在绘制的过程中按住 R 键，可以调整螺旋线方向；按住 Ctrl 键，可以调整螺旋线的疏密度，按"↑""↓"键可以增加和减少螺旋，如图 7-9（a）所示。单击螺旋线工具图标，可以打开"螺旋线"对话框进行参数设置，如图 7-9（b）所示。

（a）绘制各种螺旋线　　　　　（b）"螺旋线"对话框

图 7-9　螺旋线工具及应用

矩形网格工具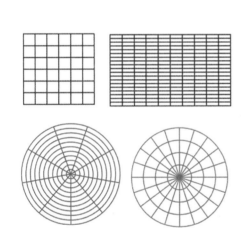和极坐标网格工具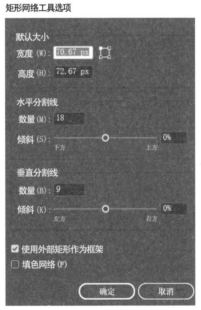用于创建矩形网格和极坐标网格，如图 7-10（a）所示，可以通过按"↑""↓"键增加和减少网格的行列数量，单击矩形网格工具图标和极坐标网格工具图标，分别打开"矩形网格工具选项"对话框（图 7-10（b））和"极坐标网格工具选项"对话框（图 7-10（c））进行参数设置。

（a）矩形网格和极坐标网格　　（b）"矩形网格工具选项"对话框　（c）"极坐标网格工具选项"对话框

图 7-10　网格工具及应用

7.2.2　矩形工具

矩形工具包括"矩形工具""圆角矩形工具""椭圆工具""多边形工具""星形工具"和"光晕工具"，见图 6-4 中矩形工具面板。

矩形工具 ▣ 用于创建矩形和正方形，选择该工具后，单击并拖拽可以创建任意大小的矩形。按住 Alt 键，可以以单击点为中心向外绘制矩形；按住 Shift 键可以绘制正方形；按住 Shift+Alt 键，可以以单击点为中心向外创建正方形。

圆角矩形工具 ▣ 用于创建圆角矩形，选择该工具后，单击并拖拽可以创建任意大小的圆角矩形，其使用方法基本与矩形工具相同。单击圆角矩形工具图标，打开"圆角矩形"对话框设置圆角矩形宽度、高度和圆角半径，如图 7-11 所示。

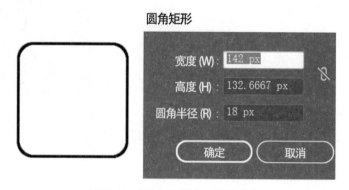

图 7-11 "圆角矩形"工具及应用

7.2.3 椭圆工具

可以使用椭圆工具 ⬭ 绘制椭圆和圆，选择该工具后，单击并拖拽可以创建任意大小的圆形。按住 Alt 键，可以以单击点为中心向外绘制椭圆形如图 7-12（a）；要绘制正圆时，只需按住 Shift 键即可；按住 Shift+Alt 键，可以以单击点为中心向外创建正圆，如图 7-12（b）所示。单击椭圆工具图标，打开"椭圆"对话框设置宽度和高度，如图 7-12（c）所示。

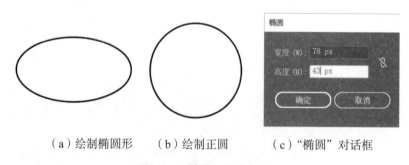

（a）绘制椭圆形　　　（b）绘制正圆　　　（c）"椭圆"对话框

图 7-12 椭圆工具及应用

7.2.4 多边形和星形工具

使用多边形工具 ⬡ 和星形工具 ☆ 绘制图形的过程中，按"↑""↓"键可以增加和减少边的数量，如图 7-13（a）、（b）所示；按住 Shift 键可以锁定一个不变的角度；绘制星形图形按住 Shift+Alt 键可以调整拐角的度数。单击多边形工具和星形工具图标，打开"多边形"对话框（图 7-13（c））和"星形"对话框（图 7-13（d））进行参数设置，创建多边形和星形。

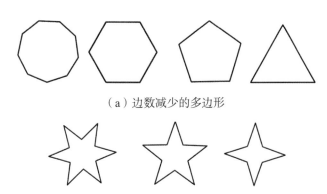

（a）边数减少的多边形

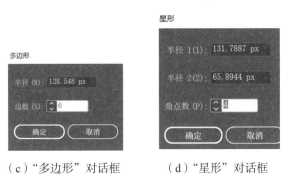

（b）边数减少的星形

（c）"多边形"对话框　　　　（d）"星形"对话框

图 7-13　使用多边形和星形工具绘制基本图形

7.3　对象的基本操作方法

在 Illustrator 中创建图形对象后，可以对它们进行选择移动位置、调整堆叠顺序、编组以及对齐与分布等操作。

7.3.1　选择移动

矢量图形由锚点、路径构成，编辑这些对象前，需要先将其准确选择。应用选择工具，将光标放在即将选择的对象上方，单击即可选中，选中的对象周围会出现一个界定框，如图 7-14（a）所示，如果单击并拖出一个矩形选框，则可以选择矩形框内的所有对象，如图 7-14（b）所示。若需要取消选择，直接在对象之外的空白区域单击即可。

编组选择工具：当图形数量比较多的时候，通常会将多个图形进行编组，以便于编辑和选择，如果要选择组中的一个图形，可以使用编组选择工具单击，双击则选择的是对象所在的组。通过"选择"菜单下的"对象"选项，如图 7-15（a）所示，可以选择更多的图形元素，具体元素见对象子菜单，如图 7-15（b）所示。

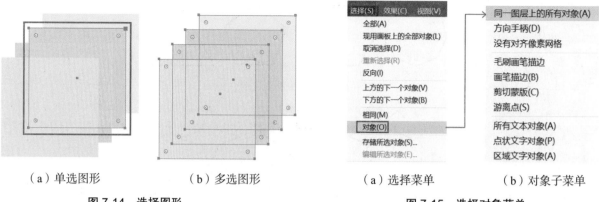

（a）单选图形　　　　　（b）多选图形　　　　　（a）选择菜单　　　　　（b）对象子菜单

图 7-14　选择图形　　　　　　　　　　图 7-15　选择对象菜单

套索工具 ![icon] 和直接选择工具 ![icon] 可以用于选择锚点和路径。

使用选择工具 ![icon] 和编组选择工具 ![icon] 选择对象之后，如需添加其他对象，可以按住 Shift 键分别单击它们；反之，要取消某些对象的选择，也是同样的操作。此外，如需删除多余对象，可直接按 Delete 键。

使用选择工具 ![icon] 在对象上单击即可移动对象，按住 Shift 键拖动鼠标，可以沿水平或垂直方向移动。按"↑""↓""←""→"键，可以将所选的对象朝相应的方向以一个像素的距离移动；若同时按住 Shift 键，则以 10 个像素的距离移动。对象在选中状态下，按住 Alt 键移动如图 7-16（a）所示，复制出一个对象如图 7-16（b）所示，接着连续按下快捷键 Ctrl+D，可以复制得到多个对象如图 7-16（c）所示。

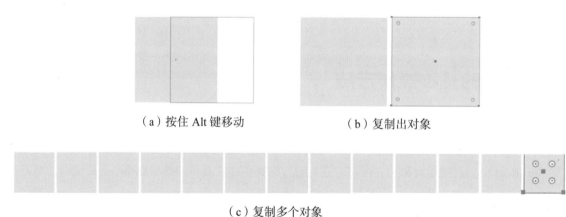

（a）按住 Alt 键移动　　　　　　　（b）复制出对象

（c）复制多个对象

图 7-16　复制对象

7.3.2　调整图形堆叠顺序

用 Illustrator 绘制图形时，最后创建的图形会遮盖先前创建的对象，显示在最上方。如需调整图形的堆叠顺序，可以选择图形后右击，在弹出的快捷菜单中选择"排列"子菜单中的命令，如图 7-17 所示。

排列	>	置于顶层(F)	Shift+Ctrl+]
选择	>	前移一层(O)	Ctrl+]
添加到库		后移一层(B)	Ctrl+[
收集以导出		置于底层(A)	Shift+Ctrl+[

图 7-17　排列顺序调整

7.3.3　编组

在进行图形设计时，图稿往往是由多个对象组成，为了便于管理和选择，可以选择多个对象后进行编组，编组后的对象在进行移动和变换操作时，会一起变化，编组后的对象仍可以与其他对象进行再次编组。具体操作是：选择多个对象，如图 7-18（a）所示，单击右键，弹出对话框如图 7-18（b）所示，选择"编组"完成编组；如需取消编组，单击右键，弹出对话框如图 7-18（c）所示，选择"取消编组"取消编组。

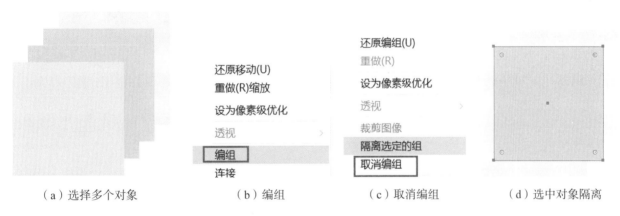

（a）选择多个对象　　　　（b）编组　　　　　（c）取消编组　　　　（d）选中对象隔离

图 7-18　编组对象选择

要编辑已经编组的对象时，可进入隔离状态，在隔离状态下操作可以不受其他对象的干扰，也不会误选其他图形。具体操作是：使用选择工具双击图 7-18（a）中的对象，进入隔离状态，这时，选中对象全色显示，其他对象变暗，如图 7-18（d）所示。如需退出隔离状态，可双击对象外的区域。

7.3.4　对齐与分布

在进行图形设计时，很多时候多个图形需要以不同的方式对齐，或者按照一定的规律分布，可先将需要进行对齐的多个对象选中，再单击"对齐"面板中的按钮，如图 7-19（a）所示，有左对齐、水平居中、右对齐、垂直顶对齐、垂直底对齐、垂直居中对齐等。几种对齐效果如图 7-19（b）～（d）所示。

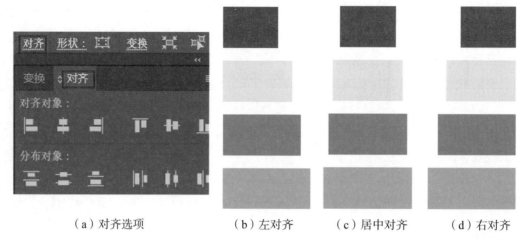

（a）对齐选项　　　　（b）左对齐　　　（c）居中对齐　　　（d）右对齐

图 7-19　图形对齐方式

7.4　填色与描边

填色是在创建的图形内部填充颜色、图案或者渐变；描边是指将图形路径轮廓设置为可见，使其外轮廓呈现出不同的样式外观。

要为对象设置填色或者描边，首先选择对象，然后单击工具栏下部"填色"和"描边"按钮，如图 7-20（a）所示，进行填色或描边选择。填色或描边选项也可以在面板堆栈（图 7-20（b））或者对象属性栏（图 7-20（c））里找到。

（a）工具栏中填色、描边选项　（b）面板堆栈中填色、描边选项　（c）对象属性栏中填色、描边选项

图 7-20　填色、描边命令

单击"默认填色和描边"按钮（图 7-21（a）），可设置当前填色和描边颜色为默认颜色；单击"互换填色和描边按钮"（图 7-21（b）），可将描边和填色按钮互换。单击"渐变"按钮（图 7-21（c）），可将图形填充渐变颜色或描边；单击"无"按钮（图 7-21（d）），可以删除填色或描边。

（a）默认模式　　　（b）互换模式　　　（c）渐变填充模式　　（d）不描边

图 7-21　填色描边工具栏选项

如需其他图形的填色和描边，可以使用吸管工具![吸管工具]在需要的图形上单击，吸取该对象的填色和描边属性，并将其运用到所选对象上。

第 8 章　综合实战应用——图标设计

本章重点：掌握不同类型图标设计实现的方法和要点。

教学目标：通过实战练习掌握 Illustrator 软件制作图标的基本流程和使用方法。

课前准备：读者应收集图标分类，准备实战练习和实际操作练习。

教学硬件：多媒体教室、计算机教室。

学时安排：本章建议安排 4~6 个课时，任课教师可根据实际需要安排。

8.1 制作安卓图标

本节学习图 8-1 所示安卓图标的制作方法。

图 8-1 安卓图标

（1）新建 800×600 的文件，颜色模式为 RGB 颜色，如图 8-2 所示。

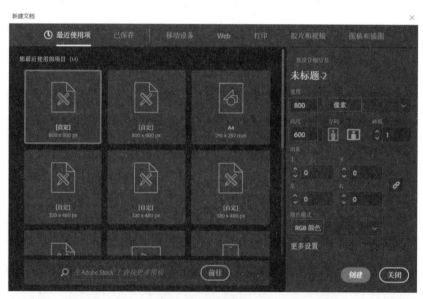

图 8-2 新建文件

（2）绘制并填充正圆：选择椭圆形工具（快捷键为 L），按住 Shift 键绘制一个直径为 300 的正圆，填充数值为 9BD715 的绿色，见图 8-3。

（3）绘制半圆：选择矩形工具，绘制一个尺寸为 300×600 的矩形，不填充颜色。选中两个图形，按 Ctrl+7 键剪去部分图形，如图 8-4 所示。

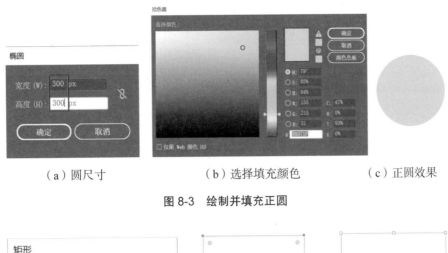

（a）圆尺寸　　　　　　　（b）选择填充颜色　　　　　（c）正圆效果

图 8-3　绘制并填充正圆

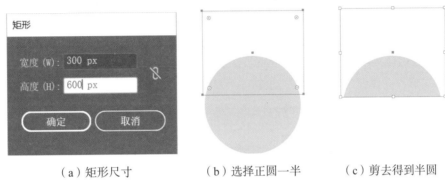

（a）矩形尺寸　　　　　　（b）选择正圆一半　　　　　（c）剪去得到半圆

图 8-4　绘制半圆

（4）绘制大矩形：选择矩形工具，绘制一个尺寸为 260×550 的矩形，填充颜色为 9BD715，如图 8-5 所示。

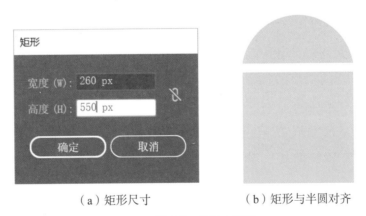

（a）矩形尺寸　　　　　　　（b）矩形与半圆对齐

图 8-5　绘制大矩形

（5）调整矩形圆角：单击矩形的四个边角，如图 8-6（a）所示，弹出"变换"对话框，如图 8-6（b）所示，可调整矩形圆角，单击锁定关联键 ⬛，可单独调整每个角，左下角和右下角圆角调整为 9，效果如图 8-6（c）所示。

（a）直角矩形

（b）调整圆角参数

（c）圆角矩形效果

图 8-6　调整矩形圆角

　　（6）绘制天线矩形：选择圆角矩形工具，绘制一个矩形，填充颜色设为 9BD715，复制圆角矩形，移至关于中心对称参考线的右侧，效果如图 8-7 所示。

（a）天线参数

（b）一根天线

（c）对称位置天线

图 8-7　绘制天线矩形

　　（7）绘制眼睛：选择椭圆形工具，按住 Shift 键绘制一个直径为 18 的正圆，填充白色，复制这个圆形，移至关于中心对称参考线的右侧，如图 8-8 所示。

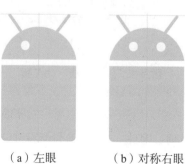
（a）左眼　　　　　（b）对称右眼

图 8-8　绘制眼睛

（8）绘制手臂：选择圆角矩形工具，绘制一个矩形，填充数值为9BD715的绿色，复制圆角矩形，移至关于中心对称参考线的右侧，如图8-9所示。

图8-9　绘制手臂

（9）绘制腿部：选择圆角矩形工具，绘制一个矩形，填充数值为9BD715的绿色，复制圆角矩形，移至关于中心对称参考线的右侧，如图8-10所示。

图8-10　绘制腿部

（10）输入文字：单击横排文字工具，在打开的文字字符面板设置各项参数，在矩形中心输入"ROOT"，如图8-11所示。

（a）文字参数　　　　　　　（b）文字效果

图8-11　输入文字

8.2 Material Design 图标绘制

8.2.1 制作谷歌浏览器图标

本节学习如图 8-12 所示谷歌浏览器图标的制作方法。

图 8-12 谷歌浏览器图标

（1）新建 800×600 的文件，颜色模式为 RGB 颜色。

（2）绘制同心圆：选择椭圆形工具，按住 Shift 键绘制一个直径为 500 的正圆，按住 Alt 键复制一个同心圆，设置其直径为 230，如图 8-13 所示。

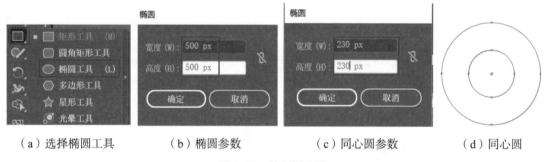

（a）选择椭圆工具　　　（b）椭圆参数　　　（c）同心圆参数　　　（d）同心圆

图 8-13 绘制同心圆

（3）绘制圆环：选中两个圆形，执行"窗口"→"路径查找器"（快捷键 Shift+Ctrl+F9）→"减去顶层"命令，得到一个圆环，如图 8-14 所示。

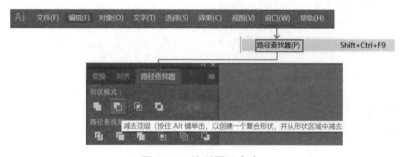

图 8-14 绘制圆环命令

（4）圆环填色：使用色板为圆环填充灰色，以便辨认，如图8-15所示。

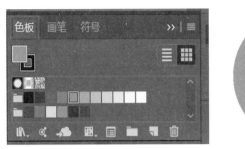

（a）颜色参数　　　　　　　　（b）圆环填充

图8-15　圆环填色

（5）绘制矩形：选择矩形工具，绘制一个宽为115的矩形，矩形的左边与内圆的中心对齐，如图8-16所示。

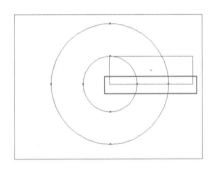

图8-16　绘制矩形

（6）改变旋转中心：选中矩形，使用旋转工具，按住Alt键将矩形的旋转中心由矩形中心位置移至矩形左下角位置与圆环中心相交处，使矩形以边为旋转中心围绕圆心旋转，如图8-17所示。

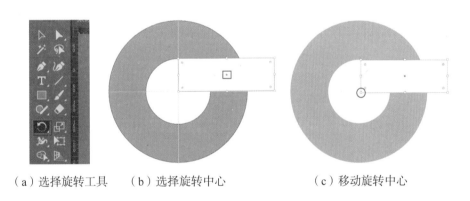

（a）选择旋转工具　　（b）选择旋转中心　　　　（c）移动旋转中心

图8-17　改变旋转中心

（7）旋转复制矩形：上一步在按住Alt键并单击旋转中心时，会弹出"旋转"对话框，见图8-18（a），输入旋转角度120，单击"复制"按钮，结果如图8-18（b）所示。

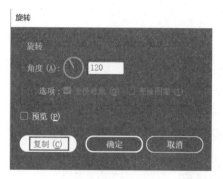
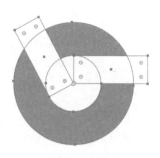

（a）旋转参数设置　　　　　　　　　（b）旋转复制效果

图 8-18　旋转复制矩形

（8）分割：选中新建的矩形与圆，如图 8-19（a）所示，通过"窗口"菜单打开"路径查找器"面板，选择"分割"选项，如图 8-19（b）所示，将路径分割为单独形状，利用右键快捷菜单取消编组，如图 8-19（c）所示。

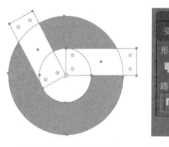

（a）选择矩形与圆　　　　　　（b）分隔设置　　　　　　（c）右键取消编组

图 8-19　分割

（9）合并图形：选中图 8-20（a）所示 1、2 部分，执行"路径查找器"→"联集"命令，将两个图形合并，如图 8-20（b），（c）所示。

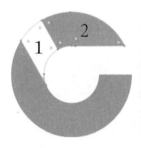

（a）选择"1""2"部分　　　　　　（b）合并设置　　　　　　（c）合并效果

图 8-20　合并图形

（10）填色：将合并后的图形填充数值为 DD4B3D 的颜色，如图 8-21 所示。

130　　界面设计

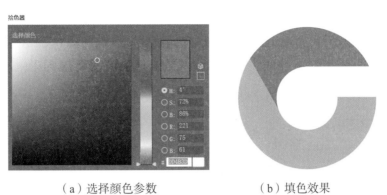

（a）选择颜色参数 （b）填色效果

图 8-21　填色

（11）制作阴影：使用钢笔工具制作阴影部分，制作时注意形状锚点对齐，阴影部分色块填充颜色设为 C14D36，如图 8-22 所示。

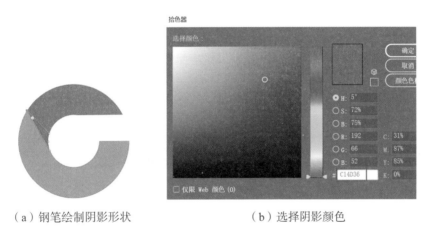

（a）钢笔绘制阴影形状 （b）选择阴影颜色

图 8-22　制作阴影

（12）编组：复制一个基本色块并右击，从弹出的快捷菜单中选择"排列"→"置于顶层"命令。选中阴影色块并右击，从弹出的快捷菜单中选择"建立剪切蒙版"命令，并将色块与阴影色块利用右键菜单编组，如图 8-23 所示。

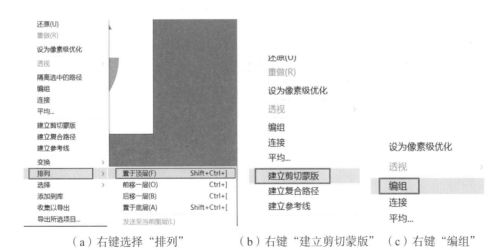

（a）右键选择"排列" （b）右键"建立剪切蒙版" （c）右键"编组"

图 8-23　编组

（13）旋转重复：绘制直径为 180 的同心圆，如图 8-24（a）所示，将色块的中心点移到圆心，如图 8-24（b）所示，按照步骤（6）和步骤（7）的操作，复制旋转 120°，得到如图 8-24（c）所示的效果。

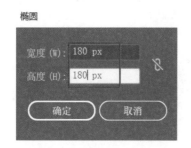  

（a）椭圆参数　　　　　（b）色块中心移动到中心　　　（c）旋转重复阴影效果

图 8-24　旋转重复

（14）填充颜色：将中心圆填充颜色设为 2EA7E0，左边色块填充颜色设为 12A059，右边色块填充颜色设为 FFCE44，如图 8-25 所示。

（a）绿色设置　　　（b）绿色填充效果　　　（c）黄色设置　　　（d）黄色填充效果

图 8-25　填充颜色

（15）填充阴影：绿色阴影色块填充颜色设为 209257，黄色阴影色块填充颜色设为 E9BC33，参数及效果如图 8-26 所示。

（a）绿色阴影设置　　　　　（b）黄色阴影设置　　　　　（c）阴影效果

图 8-26　填充阴影

最后效果如图 8-12 所示。

8.2.2 绘制"文件"图标

（1）新建 144×144 的画布。

（2）新建圆角矩形：建立一个 144×144 的圆角矩形，圆角设置为 18px，填充颜色为 F8A745，不描边。在变换中调整其位置为"X：72，Y：72"，使其居中，参数见图 8-27。

图 8-27　矩形位置参数尺寸

（3）创建六边形：新建多边形，半径 50，边数 6，填充色为 FFFFFF，不描边，在形状中将其旋转 30°，用锚点工具选中上方的点，向下移动适当距离，效果如图 8-28 所示。

 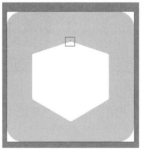 

（a）创建六边形　　　　（b）选择锚点下移　　　　（c）锚点工具

图 8-28　创建六边形

（4）创建三边形：新建一个半径 28、边数为 3 的多边形，颜色为 CF8023，不描边，利用锚点工具对右下角的点进行移动，如图 8-29 所示。

（a）绘制三边形　　　　（b）锚点放置中心　　　　（c）锚点工具

图 8-29　创建三边形

（5）旋转：选中图形，通过"窗口"菜单打开"变换"面板，在变换面板中选择"形状"选项，旋转设置为350°，圆角设置为2px，如图8-30所示。

图8-30　旋转

（6）复制并旋转：复制该图形，并旋转170°，见图8-31。

（a）复制三边形　　　　　　　　　（b）旋转设置

图8-31　复制并旋转

（7）建立联集：将复制后的图形移动到合适位置后，选中两个三角形，按Ctrl+Shift+F9键，建立联集，见图8-32。

（a）联集设置　　　　　　　　　（b）联集效果

图8-32　建立三角形联集

（8）新建矩形：新建两个矩形，旋转45°，设置渐变颜色为F8A745、CF8023，见图8-33。

（a）新建矩形效果　　　　　（b）渐变设置

图 8-33　新建矩形

（9）建立联集：选中两个矩形，按 Ctrl+Shift+F9 键，建立联集，如图 8-34 所示。

（a）联集效果　　　　　（b）联集设置

图 8-34　建立矩形联集

（10）调整图层：将投影图层置于下面，如图 8-35 所示。

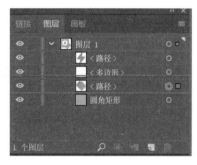

（a）调整后效果　　　　　（b）图层调整

图 8-35　调整图层

（11）建立交集：复制圆角矩形，选中一个圆角矩形和投影，按 Ctrl+Shift+F9 键，建立交集，如图 8-36 所示。

（a）交集设置 （b）图层调整

图 8-36　建立圆角矩形交集

（12）最终效果图如图 8-37 所示。

图 8-37　完成效果

8.2.3　使用 Adobe Illustrator 制作视频图标按钮

本节学习图 8-38 所示视频图标的制作方法。

图 8-38　视频图标按钮

（1）新建一个 800×600 的文件，颜色模式为 RGB。

（2）绘制矩形工具：选择圆角矩形工具，绘制一个圆角矩形，调整圆角角度为 35.75°，填充颜色为 CACACA，如图 8-39 所示。

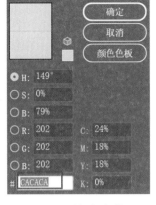

（a）圆角矩形参数　　　　　　　（b）矩形颜色参数　　　　　　（c）矩形效果

图 8-39　绘制圆角矩形

（3）偏移路径：过程见图 8-40，选中矩形，按 Ctrl+C 键复制，按 Ctrl+F 键粘贴在前面，执行"对象"→"路径"→"偏移路径"命令。

图 8-40　偏移路径

（4）设置偏移参数：在"偏移路径"对话框中设置偏移 –4px（见图 8-41（a）），在圆角矩形的属性栏中将混合模式设置为"正片叠底"（见图 8-41（b）），效果如图 8-41（c）所示。

（a）偏移参数　　　　　　　　　（b）混合模式　　　　　　　（c）矩形效果

图 8-41　设置偏移参数

（5）复制设置滤色模式：选中矩形，重复步骤（3）和步骤（4）的操作，在"偏移路径"对话框中设置偏移 –4px，属性栏更改混和模式为"滤色"，如图 8-42 所示。

图 8-42　复制设置滤色模式

（6）渐变填充：给圆角矩形填充一个渐变色（快捷键为 Ctrl+G），如图 8-43 所示。

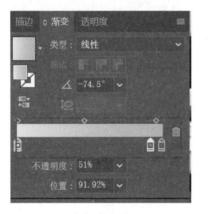

（a）渐变设置　　　　　　　　　　　（b）渐变效果

图 8-43　渐变填充

（7）绘制圆环：选择椭圆形工具，按住 Shift 键绘制一个直径为 500px 的正圆，按住 Alt 键复制一个同心圆。选中两个圆形，执行"窗口"→"路径查找器"（快捷键为 Shift+Ctrl+F9）→"减去顶层"命令，得到一个圆环，如图 8-44 所示。

（a）剪去同心圆　　　　　　　　　　　　　　　　　　　（b）圆环

图 8-44　绘制圆环

（8）设置投影效果：给圆环填充渐变色，执行"效果"→"风格化"→"投影"命令并设置参数，见图8-45，最终效果如图8-46所示，其中图8-46（b）为加入圆角矩形后的效果。

（a）投影路径　　　　　　　　　　　　　　　（b）投影设置

图 8-45　设置投影效果

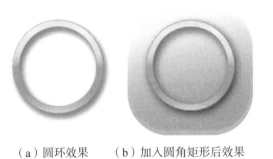

（a）圆环效果　　（b）加入圆角矩形后效果

图 8-46　圆环投影效果

（9）圆环对齐：选择椭圆形工具，按住 Shift 键绘制一个直径为 400 的正圆，按住 Alt 键复制一个同心圆。选中两个圆，执行"窗口"→"路径查找器"→"减去顶层"命令，得到一个圆环，填充一个渐变色。同时选中图8-46所示的圆环，执行"对齐"→"水平居中对齐"→"垂直居中对齐"命令。绘制过程及效果如图8-47所示。

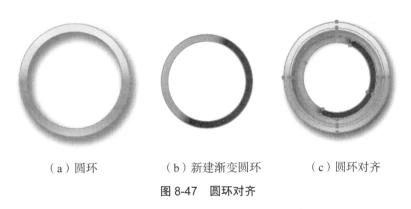

（a）圆环　　　　　（b）新建渐变圆环　　　　（c）圆环对齐

图 8-47　圆环对齐

（10）与圆角矩形对齐：将图 8-47 与圆角矩形执行"对齐"→"水平居中对齐"→"垂直居中对齐"命令，过程及效果如图 8-48 所示。

（a）与圆角矩形对齐　　　　　　（b）对齐效果

图 8-48　圆环与圆角矩形对齐

（11）加入镜头：选择椭圆形工具，按住 Shift 键绘制一个正圆，按住 Alt 键复制 3 个同心圆，分别填充颜色为 070707、9E300F、EF4700、FF6C2D，等比缩小。

绘制镜头：将 4 个同心圆与图 8-48 选中，执行"对齐"→"水平居中对齐"→"垂直居中对齐"命令，效果如图 8-49 所示。

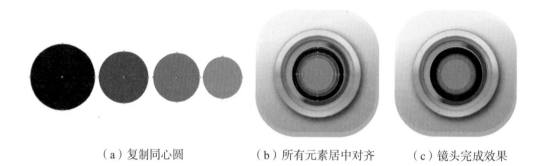

（a）复制同心圆　　　　　（b）所有元素居中对齐　　　　　（c）镜头完成效果

图 8-49　加入镜头

（12）绘制三角箭头：选择多边形工具，按住 Shift 键绘制一个正三角形，调整圆角，将三角形填充颜色 D9DDDA，执行"效果"→"风格化"→"投影"命令，过程及效果如图 8-50 所示。

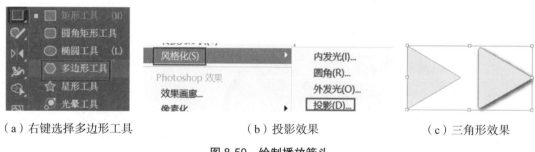

（a）右键选择多边形工具　　　　　（b）投影效果　　　　　（c）三角形效果

图 8-50　绘制播放箭头

（13）绘制立体化播放图标：选择多边形工具，按住 Shift 键绘制一个正三角形，填充颜色为 E4F4EA，调整圆角，得到比图 8-50 略大的三角形。对两个三角形执行"对齐"→"水平居中对齐"→"垂直居中对齐"命令，得到如图 8-51 所示的立体化播放图标。

（a）绘制三角形   （b）绘制播放图标

图 8-51　绘制立体化播放图标

（14）将图 8-49 与图 8-51 执行"对齐"→"水平居中对齐"→"垂直居中对齐"命令，得到如图 8-38 所示视频图标按钮。

8.3　使用 Adobe Illustrator 制作断线图标

本节学习断线图标的制作方法。

8.3.1　绘制"我的"图标

本节绘制"我的"图标，如图 8-52 所示。

图 8-52　"我的"图标

（1）绘制圆：新建一个直径为 7.5cm 的圆形，描边颜色 2C2C2C，粗细 15px，不填充，见图 8-53。

（2）复制圆：按住 Alt 键移动复制一个圆，调整直径为 10.5cm。如图 8-54 所示。

（3）合并圆：利用路径查找器中的形状模式将两个圆合并。

（4）添加锚点：利用添加锚点工具，在下方圆环上添加两个锚点，如图 8-55 所示。

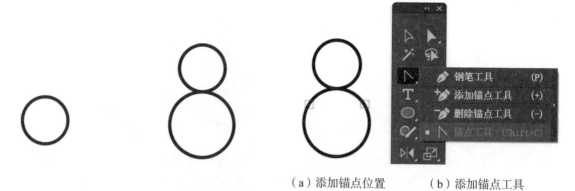

图 8-53　绘制圆　　　　图 8-54　复制圆　　　　（a）添加锚点位置　　（b）添加锚点工具

图 8-55　添加锚点

（5）删除锚点：利用"删除锚点工具"依次删除下方的点，如图 8-56 所示。

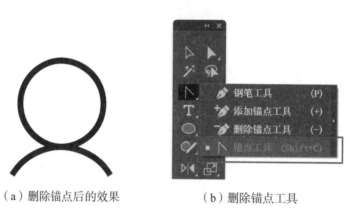

（a）删除锚点后的效果　　　　　　（b）删除锚点工具

图 8-56　删除锚点

（6）改变端点形状：在"描边"面板中，选择圆头端点，图标线条端部变成圆头，如图 8-57 所示。

（a）选择端点形状　　　　　　（b）选择端点　　　　（c）圆头端点

图 8-57　改变端点形状

（7）添加删除锚点：利用"添加锚点工具"在适当位置添加锚点，如图8-58（a）所示，利用"删除锚点工具"，选中图8-58（b）中两个锚点删除。最终得到如图8-52所示的图标。

（a）添加锚点　　　　（b）删除锚点

图8-58　添加、删除锚点

8.3.2　绘制"发现"图标

本节绘制"发现"图标，如图8-59所示。

图8-59　"发现"图标

（1）绘制圆形：新建一个直径为9.5cm的圆形，描边颜色2C2C2C，粗细15px，不填充，如图8-60所示。

图8-60　绘制圆形　　　　图8-61　绘制菱形　　　　图8-62　居中对齐

（2）绘制菱形：新建一个圆角矩形，通过"窗口"菜单打开"变换"面板，将圆角矩形先倾斜30°，再旋转10°，参数见图8-61。

（3）居中对齐：将菱形移动到圆中心位置，见图8-62。

（4）添加、删除锚点：利用添加锚点工具在圆上添加两个锚点，再利用删除锚点工具删除圆下方中间的锚点，如图8-63所示。

（5）改变端点形状：在"描边"面板中选择圆头端点，改变端点形状。

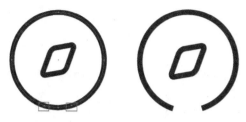

（a）添加锚点　　　　（b）删除锚点

图 8-63　添加、删除锚点

8.3.3　绘制"分类"图标

本节绘制图 8-64 所示的"分类"图标。

图 8-64　"分类"图标

（1）绘制矩形：新建一个圆角矩形，描边颜色为 2C2C2C，粗细为 15px，不填充，按住 Alt 键移动复制出两个圆角矩形，放置位置见图 8-65。

（2）绘制圆形：画一个圆，直径 3.5cm，描边颜色 2C2C2C，粗细 15px，不填充，如图 8-66 所示。

图 8-65　绘制矩形　　　　**图 8-66　绘制圆形**

（3）钢笔绘制：用钢笔工具在圆的右下角画一条线段，如图 8-67 所示。

（4）改变端点形状：选中所画线段，在"描边"面板中选择圆头端点，结果如图 8-68 所示。

（5）添加、删除锚点：利用添加锚点工具，在圆上（如图 8-64 所示缺口位置）添加两个锚点，并利用锚点删除工具删除。

（6）改变端点形状：在"描边"面板中，选择圆头端点改变端点形状，最终得到如图 8-64 所示的图标。

| 图 8-67 钢笔绘制 | 图 8-68 改变端点形状 |

8.3.4 绘制"旅游"图标

本节绘制一个"旅游"图标。

（1）创建矩形：新建 192×192 的画布，选择矩形工具，创建一个矩形，描边设置为 5px，在形状属性中设置四个圆角大小为 4px。

（2）创建小矩形：利用矩形工具再创建一个小一点的矩形，将描边属性的边角设置为圆角连接，按住 Shift 键同时选中两个矩形，选择水平居中对齐，如图 8-69 所示。

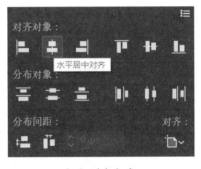

| （a）矩形参数 | （b）对齐方式 | （c）效果图 |

图 8-69　创建小矩形

（3）绘制直线：选择"矩形"工具绘制矩形，在"描边面板"中选择钢笔工具，创建直线，将端点属性设置为圆头端点，如图 8-70 所示。

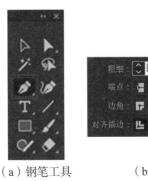

| （a）钢笔工具 | （b）钢笔参数 | （c）绘制效果图 |

图 8-70　绘制直线

（4）绘制轮子：选择形状工具里的椭圆工具，按住 Shift 键创建两个正圆，分别放置在箱子的下方。

（5）完成：利用矩形工具，绘制矩形，将描边属性的边角设置为圆角连接，放在箱子右侧，效果如图 8-71 所示。

图 8-71　完成的图标

课后练习

1. 参考 8.1 节的内容完成以下图标绘制。

课后练习源文件

2. 参考 8.3.1~8.3.3 节的内容完成以下图标绘制。

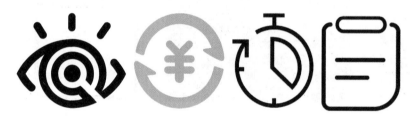

3. 参考 8.3.4 节的内容完成以下图标绘制。

4. 综合练习完成以下图标绘制。

第9章 Photoshop CC 概述

本章重点： 了解 Photoshop CC 的操作界面和基础工具。

教学目标： 通过本章的学习，了解 Photoshop CC 的基本操作环境，为后续章节的学习打下基础。

课前准备： 读者可在课前自行学习本章所讲内容。

教学硬件： 多媒体教室、计算机教室

学时安排： 本章建议安排 1~2 个课时，任课教师可根据实际需要安排。

作为一款图像处理软件，Photoshop CC 在界面设计中为最后高保真的呈现提供了更多选择的余地。依赖其强大的编辑能力，可以为界面添加特殊的效果，例如装饰纹样、肌理等。对于界面来说，Photoshop CC 的存在就像人与衣服，正所谓人靠衣装，熟练使用 Photoshop CC，可以使界面在视觉上更加美观，让 App 深入人心。

9.1 Photoshop CC 介绍

Photoshop CC 是美国著名的设计软件开发企业 Adobe 公司继 2012 年 Photoshop CS6 版本之后推出的最新版本。其最新功能包括：画板、设备预览和 Preview CC 伴侣应用程序、模糊画廊／恢复模糊区域中的杂色、Adobe Stock、设计空间（预览）、Creative Cloud 库、色轮取色器、更智能的内容识别填充、可轻松实现蒙版功能的图框工具、更智能的人脸识别液化滤镜等。

1. Photoshop CC 的使用对象

Photoshop CC 的使用者主要包括平面设计师、书籍装帧设计师、插画师、摄影师、广告摄影师、界面设计师等，此外，还包括网页设计师。

2. Photoshop CC 的优势

Photoshop CC 具有以下优势。
（1）具有强大的图像处理能力，可以进行图像合成、调色以及一些特殊效果的添加。
（2）既可以设计界面的低保真效果图，也可以设计高保真效果图。
（3）除了平面设计之外，还可以制作网页，并且自动生成 HTML 语言。

9.2 Photoshop CC 的操作界面

Photoshop CC 软件的操作界面如图 9-1 所示。

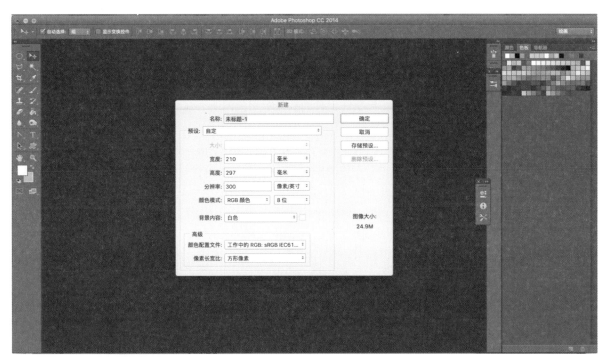

图 9-1　Photoshop CC 的操作界面

1. 菜单栏

Photoshop CC 的菜单栏中有 11 个下拉式菜单，包括文件、编辑、图像、图层、文字、选择、滤镜、3D、视图、窗口和帮助，如图 9-2 所示。单击任意菜单，便可以进行相关操作。

| Photoshop | 文件 | 编辑 | 图像 | 图层 | 文字 | 选择 | 滤镜 | 3D | 视图 | 窗口 | 帮助 |

图 9-2　Photoshop CC 菜单

各菜单的具体功能选项简单介绍如下。

（1）"文件"菜单：利用该菜单可以实现文件的基本操作，例如新建、打开、存储、导入和打印等。

（2）"编辑"菜单：该菜单中包含了软件操作过程中的一些编辑命令，可以完成拷贝、剪切、粘贴、还原、清除等操作。

（3）"图像"菜单：该菜单中包含了与图像显示相关的所有命令，例如模式、调整、图像大小、画布大小、图像旋转、裁剪等。

（4）"图层"菜单：该菜单中包含了所有与图层设置相关的命令，包括新建填充图层、新建调整图层等。

（5）"文字"菜单：该菜单中包含了与文字设计相关的命令，例如可以对文字的大小、颜色、字体样式进行编辑，具有文字栅格化、文字变形等功能。

（6）"选择"菜单：该菜单的选项主要用来执行"选择"命令，可以选择和隔离图层，也可以实现载入选区和储存选区等功能。

（7）"滤镜"菜单：该菜单的选项中包含了各类滤镜，可以执行模糊、扭曲、锐化、渲染等指令。

（8）"3D"菜单：该菜单的选项中包含与3D模型相关的命令，例如新建3D图层、合成3D图层、导入3D图层等。

（9）"视图"菜单：该菜单中包含与图像显示相关的命令，例如放大、缩小、对齐、新建参考线等。

（10）"窗口"菜单：该菜单中包含了与软件工具面板显示相关的所有命令，例如色板、历史记录、图层、工作区、排列等。

（11）"帮助"菜单：该菜单提供了在线培训教学和查找在线帮助等功能。

2. 工具栏

Photoshop CC的工具栏如图9-3所示，其中包括绘画工具、色彩控件、蒙版控件、窗口控件等。工具栏用来设置工具的各类选项，选择不同的工具会显示不同的内容。

1）选择工具

矩形选框工具：在图像中按住鼠标拖动，即可获得矩形选区。

椭圆选框工具：在图像中按住鼠标拖动，可获得椭圆选区，如果同时按住"Shift"键，则产生正圆选区。

单行选框工具：在图像中选择水平的一整行像素，可以产生单行选区，此工具应用较少。

单列选框工具：在图像中选择垂直的一整行像素，可以产生单列选区，此工具应用较少。

2）移动工具

利用该工具可以在画面内选择可以移动的区域。

3）套索工具

套索工具：按住鼠标左键拖动，可在图像中任意绘制自由选区。按住Alt键单击可进行直边区域选择。

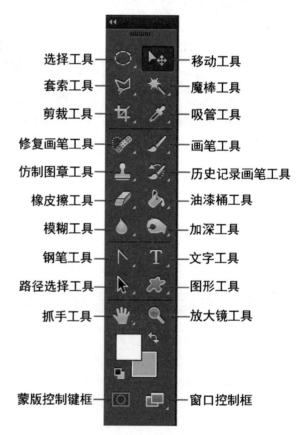

选择工具 —— 移动工具
套索工具 —— 魔棒工具
剪裁工具 —— 吸管工具
修复画笔工具 —— 画笔工具
仿制图章工具 —— 历史记录画笔工具
橡皮擦工具 —— 油漆桶工具
模糊工具 —— 加深工具
钢笔工具 —— 文字工具
路径选择工具 —— 图形工具
抓手工具 —— 放大镜工具

蒙版控制键框 —— 窗口控制框

图9-3　工具栏

多边形套索工具：直边区域选择工具，单击即可绘制一条直线边，与套索工具中按住 Alt 键单击功能一样。

磁性套索工具：拖动该工具，它将分离前景和背景，并在前景图像边缘上设置节点，直到形成封闭选区。

4）魔棒工具

魔棒工具：连续单击图像邻近的像素区域，直到形成所需的选区。也可以选择一个区域后按住 Shift 键单击图像其他部分来选择不相邻的区域。

快速选择工具：使用方法与魔棒相同。

5）剪裁工具

裁剪工具：拖动此工具对选区进行调整，将所要裁剪的区域留在光标以外，按住 Enter 键或双击进行裁切。

透视裁剪工具：此工具应用较少。

切片工具：用于网页制作，可将一个完整的画面切割成许多切片。

切片选择工具：对产生的切片进行选择并进行进一步操作。

6）吸管工具

吸管工具：使用该工具在图像任意色彩处单击，即可使前景色变成此色。

3D 材质吸管工具：此工具应用较少。

颜色取样器工具：最多可收集图像 4 处颜色进行对比，并可以拖动采样。

标尺工具：该工具可以在图像中测量方向、距离、角度等，数据显示于"信息"面板。

注释工具：可在图像任意处添加文字注释。

计数工具：可在图像任意处添加数字注释。

7）修复画笔工具

该工具一般用来修复照片，在界面设计时使用较少。

8）画笔工具

画笔工具：有硬度控制、边缘可以模糊的绘画工具。

铅笔工具：边缘不能模糊，只能调整透明度、大小，用来绘制硬边线条。

颜色替换工具：使用替换颜色工具来更换图片的颜色。

混合器画笔工具：可以绘制出逼真的手绘效果，通过属性栏的设置可以调节笔触的颜色、潮湿度和混合颜色等。

9）仿制图章工具

仿制图章工具：复制图像的一部分，方法为按住 Alt 键单击选择源图像拖动到需要复制的位置。

图案图章工具：先使用"编辑"→"定义"命令定义一幅图案，再利用此工具以图案绘画。

10）历史记录画笔工具

历史记录画笔工具：根据历史记录来绘画。使用该工具可使图像回复到某个以前的状态。

历史记录艺术画笔工具：可以在使用历史笔刷的同时增加艺术效果。

11）橡皮擦工具

橡皮擦工具：可以在单层图像上修改和擦除图像；当图层为多层时，可以擦掉选定层上的区域并显露下层。

背景橡皮擦工具：可以消除背景

魔术橡皮擦工具：在魔术橡皮擦属性栏设定容差值后，可以擦除鼠标单击颜色的容差范围内的图像。

12）油漆桶工具

渐变工具：应用渐变色填充。

油漆桶工具：用色彩填充同一选区。

3D 材质拖放工具：此工具应用较少。

13）模糊工具

模糊工具：直接使用模糊工具在图像上涂抹，就可以模糊图像。按住 Alt 键涂抹，则变为锐化。

锐化工具：与"模糊工具"对应，按住 Alt 键则变为模糊。

涂抹工具：使相邻的像素色彩相互融合。

14）加深工具

减淡工具：直接使用减淡工具在图像上涂抹，就可以减淡图像。

加深工具：直接使用加深工具在图像上涂抹，就可以加深图像。

海绵工具：改变图像的饱和度，降低色彩浓度，最终变为灰色；也可反过来增加饱和度。

15）钢笔工具

钢笔工具：单击并拖动该工具，可以在图像中绘制可编辑的路径。

自由钢笔工具：可随意在图像中绘制轮廓。

添加锚点工具：在某一条路径上单击添加一个锚点。

删除锚点工具：在路径锚点上单击即可删除锚点。

转换点工具：改变锚点性质，可将直角锚点改为平滑点。

16）文字工具

横排文字工具：使用该工具可输入水平方向的文本。

直排文字工具：使用该工具可输入垂直方向的文本。

横排文字蒙版工具：为横排文字工具的扩展，输入的文本被透明的选择区轮廓代替。

直排文字蒙版工具：为直排文字工具的扩展，输入的文本被透明的选择区轮廓代替。

17）路径选择工具

路径选择工具：选择完整路径加以移动，以及调整大小等。

直接选择工具：在路径上单击，直接选择任意一段或节点进行调整操作。

18）图形工具

矩形工具：绘制矩形，按住 Shift 键拖移可绘制正方形。

圆角矩形工具：绘制圆角矩形，圆角角度可调。

椭圆工具：绘制椭圆。

多边形工具：绘制三角形、六边形等多边形。

直线工具：绘制直线。

自定形状工具：使用 Photoshop CC 提供的图形库或用户自定义的图形进行创作。

19）抓手工具

抓手工具：以手移的方式来查看未显示完全的画面。

旋转视图工具：可将视图任意进行旋转。

20）放大镜工具

单击该工具可以放大画面；按位 Alt 键单击，可以缩小画面。当双击该工具时，可使放大或缩小的图像比例恢复为 100%。

21）色彩控制键框

"前景色"按钮：单击弹出"拾色器"，选择颜色，前景色就会变成所选色。

"背景色"按钮：单击弹出"拾色器"，选择颜色，可改变背景色，一般用于橡皮擦和渐变工具。

"转换色彩"按钮：单击该按钮可使前景色和背景色对调。

"默认的前景色和背景色"按钮：单击该按钮可恢复初始色彩，即黑色前景色与白色背景色。

22）蒙版控制键框

单击该框可进入快速蒙版模式，图片被半透明红色层笼罩，用白色画笔涂抹可以擦去红色层，被擦的区域为选择区，擦得越大，选区越大；用黑色画笔涂抹可增大红色区域，选区变小。

23）窗口控制框

标准屏幕模式：标准模式，所有浮动窗口可见。

带有菜单栏的全屏模式：仅菜单栏和选项栏可见。

全屏模式：仅工具栏和选项栏可见。

3. 标题栏

显示文件名称、格式、颜色模式等信息。

4. 浮动面板

为图像处理提供各类辅助功能。

9.3 文件的基本操作

1. 新建文件

在菜单栏中选择"文件"→"新建"命令，弹出"新建"对话框，如图 9-4 所示。在该对话框中可以对文件进行名称、尺寸、颜色模式、分辨率的重新设定。

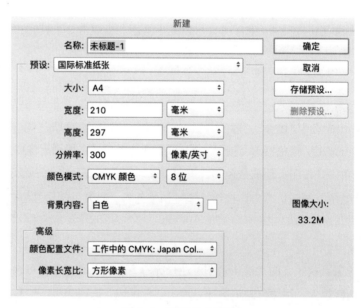

图 9-4 "新建"对话框

预设: Photoshop CC 中可以设置新建文件的大小，打开下拉列表框，其中提供了 9 组选项，分别是自定义、默认 Photoshop CC 大小、美国标准纸张、国际标准纸张、照片、Web、移动设备、胶片和视频。

2. 打开文件

在菜单栏中选择"文件"→"打开"命令，弹出"打开"对话框，选中要打开的文件，单击"打开"按钮即可。如果文件格式为.PSD，还可以将文件图标拖至 Photoshop CC 图标上或双击该文件打开。

3. 存储文件

在菜单栏中选择"文件"→"存储"命令，弹出"存储"对话框，在对话框中可以对文件的名称、位置、格式进行重新设置。

Photoshop CC 的保存格式包含 PSD、大型文档格式、多图片格式、BMP、CompuSever GIF、Dicom、Photoshop EPS、IFF、JPEG、JPEG 2000、JPEG 立 体、PCX、Photoshop PDF、Photoshop Raw、Pixar、PNG、Portable Bit Map、Scitex CT、Targa、TIFF、Photoshop DCS 1.0、Photoshop DCS 2.0 格式等。在界面设计中最常用的是 PSD 格式和 JPEG 格式。

PSD 格式是 Photoshop 的默认格式，和其他格式相比，PSD 格式能够更快速地打开和保存图像，很好地保存图层、通道、路径等重要信息。

JPEG 格式是平时最常用的图像格式。它是一种最有效、最基本的有损压缩格式，被大多数的图形处理软件所支持。当需要保存大量的图片，且对图像质量没有太多要求时，使用 JPEG 无疑是个好办法。但 JPEG 格式在压缩保存的过程中会丢掉一些数据，因此保存后图像的质量不如原图像好，如果要进行图像打印，最好不要使用此格式。

4. 输出文件

当我们需要输出矢量文件时，可以选中"魔术橡皮擦工具"去掉图像背景，如图 9-5 所示。按住 Ctrl 键单击图层缩略层，同时在图层面板中切换至"路径"，使选区变换为路径，效果见图 9-6。最后在菜单栏中选择"文件"→"导出"→"路径到 Illustrator"→"工作路径"命令，即可得到矢量文件，过程见图 9-7。

图 9-5 去掉图像背景

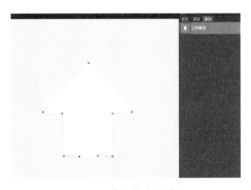

图 9-6 选区转变为路径

图 9-7　输出矢量文件

5. 图像浏览

进行图片浏览时，可通过快捷键 F 切换，也可通过单击工具箱下面更改屏幕显示方式按钮进行切换。一个图像最大显示比例是 1600%，最小则显示一个像素。

（1）缩放工具。选取工具箱中的放大镜工具，可以对图像进行放大或缩小操作。

（2）抓手工具。当图像被放大到一定的比例，显示窗口无法显示全部图像时，可以通过工具箱中的抓手工具对图像进行拖动或是通过窗口右侧和下方的滑动块来移动画面。

（3）导航面板。在"导航器"界面中，通过拖动面板下方的三角滑块对图像进行缩放。当图像缩放到一定比例时，可将光标放入导航器红色方框中，拖动图像进行局部观察。

（4）旋转工具。使用"旋转视图"工具，可以任意旋转图像，使图像处理变得更加便捷。

参考文献

[1]　Adobe 公司 . Adobe Photoshop CC 经典教程：彩色版 [M]. 北京：人民邮电出版社，2015.

[2]　李国伟 . Photoshop CC 完全自学教程 [M]. 北京：中国青年出版社，2014.

课后练习

1. 新建一个文件并导入图片，设定不同的分辨率，观察图片呈现效果的差异。
2. 尝试用本章的方法浏览图片，试一试用不同的格式保存文件。

第 10 章　应用 Photoshop CC 进行界面美化设计

本章重点： 在进行界面设计时，会用到许多 Photoshop CC
中的工具，本章主要介绍各种工具的具体使用
方法。

教学目标： 通过本章的学习，能够熟练使用界面设计中常
用的 Photoshop CC 工具。

课前准备： 读者可在课前阅读与界面设计相关的书籍。

教学硬件： 多媒体教室、计算机教室。

学时安排： 本节建议安排 4~6 个课时，任课教师可根据实
际需要安排。

利用 Photoshop CC 进行界面设计，首先要对 Photoshop CC 的基础功能进行一定了解。读者只有将该软件的核心功能运用得得心应手，才能为设计的界面锦上添花。在 Photoshop CC 中，界面设计主要涉及以下几类工具，包括图层、蒙版、图层样式和绘图工具等。

10.1　Photoshop CC 五大核心功能

10.1.1　改变设计对象顺序——图层

在 Photoshop CC 中，我们可以把每一个图层看作一张透明的胶片，每一个透明胶片上都可以独立地呈现不同的画面。Photoshop CC 将图像的每一个部分分别置入不同的图层当中，这些图层堆叠在一起便形成了完整的图像效果。当我们改变图层的顺序和属性时，最后的图像效果也会随之改变。

选择菜单栏中的"窗口"→"图层"命令，打开"图层"面板，如图 10-1 所示。

图 10-1　"图层"面板

1. 混合模式

利用"图层"面板（见图 10-2）中的图层混合模式可以对图像进行混合，从而制作出特殊的画面效果。Photoshop CC 中包含了多种类型的混合模式，包括正片叠底、线性加深、颜色加深等，根据不同的视觉需要可以应用不同的混合模式。图 10-3 所示为"正常"模式效果，图 10-4 所示为"正片叠底"混合模式效果。

图 10-2　图层混合模式

10-3　"正常"模式

图 10-4　"正片叠底"模式

2. 不透明度和填充

利用"不透明度"和"填充"选项均可控制图层图像的不透明度（见图 10-5），但值得注意的是，"填充"选项所控制的是图像像素的不透明度，对图层样式的不透明度不产生影响。

图 10-5　图层图像透明度设置

10.1.2　编辑图像的准确区域——蒙版

在进行界面设计时，我们有时会需要遮蔽或对图像进行局部修改，此时就会使用到蒙版功能。使用蒙版不仅不会对图层产生破坏，还会起到保护源图像的作用。它除了用于图像修正，还可以用于局部的颜色调整和校正。Photoshop CC 中常用的蒙版有三种，分别是剪切蒙版、矢量蒙版和图层蒙版。

1. 剪切蒙版

剪切蒙版可以通过一个图层来控制多个图层的可见图层，而矢量蒙版和图层蒙版却只能控制一个图层。如图 10-6 所示，选择"照片"图层，右击创建剪切蒙板或按快捷键 Alt+Ctrl+G 在该图层下方建立剪切蒙版组，即可获得剪切蒙版。其展示效果如图 10-7 所示。

图 10-6　剪切蒙版原图　　　　　　　　　图 10-7　剪切蒙版效果图

2. 矢量蒙版

矢量蒙版是由钢笔工具或自定义矢量工具创建的蒙版。使用自定义工具创建一个图形，在菜单栏中选择"图层"→"矢量蒙版"→"当前路径"命令，则路径区外的图像将会被覆盖，效果对比见图 10-8。

（a）创建前　　　　　　　　　　　　　　　　　（b）创建后

图 10-8　矢量蒙版创建前后效果

3. 图层蒙版

图层蒙版主要用于合成图像，创建调整图层和填充图层时，Photoshop CC 也会自动为其添加图层蒙版。例如需要建立渐变色的调整图层时，在菜单栏中选择"图层"→"新建填充图层"→"渐变"命令即可。在图层蒙版中，白色对应的图像为可见，黑色为不可见，灰色区域则呈现一定程度的透明效果。所以在进行界面设计时，我们可以添加一个蒙版，将想要隐藏的区域涂黑；如果想让其呈现半透明效果，则可以将蒙版涂灰。

从窗口菜单中选择蒙版命令，可以打开蒙版面板，如图 10-9 所示。

图 10-9　"蒙版"面板

10.1.3 调整图像色彩色调——调整 / 填充图层

通过调整和填充图层可以改变界面的整体色调和影调，其中每一个调整图层和填充图层都有自带的图层蒙版，我们可以根据需要来对图层蒙版进行编辑。

1. 调整图层

调整图层是一种比较特殊的图层，它可以改变图层的显示效果。选择"图层"→"新建调整图层"命令（步骤参考矢量蒙版），可以获得下拉菜单（见图 10-10）。单击任何命令选项，即可添加调整图层。

2. 填充图层

填充图层可以对界面的颜色进行调整。填充命令包括颜色填充、渐变填充以及图案填充。选择"图层"→"新建填充图层"→"渐变填充"或"颜色填充"或"图案填充"命令进行填充操作（步骤参考图层蒙版）。

图 10-10　"调整图层"菜单创建路径

10.1.4　精确把握编辑区域——选区

可以选择特定的区域进行编辑，用户可以将编辑的效果只作用于该选区，使其他未选中区域不被改动。

选择区域时，最简单的方式是使用"快速选择工具"和"选框工具"。除此之外，还可以使用"色彩范围"命令选择图像中包含的某种颜色来创建选区，在操作中只需使用"吸管工具"在"色彩范围"对话框中的选区预览框中单击即可创建选区，在选区预览框中将以黑、白、灰三色来显示选区范围，其中白色为选取区域，灰色为透明区域，黑色为未选取区域。

10.1.5　准确传递界面信息——文字

在制作界面的过程中，为了准确地表达各个界面元素的功能，我们需要用到"文字"工具。使用"字符"和"段落"两个面板，可以对文字属性进行修改和设置。"字符"和"段落"面板如图 10-11 所示。

使用"字符"面板可以调整文字的大小、间距、颜色和字体；使用"段落"面板可以设置段落文本并调整文本对齐方式。

选择"文字"→"文字变形"命令，打开"变形文字"对话框如图 10-11 所示。通过设置样式和数值可以改变文字形态，如图 10-12 所示。

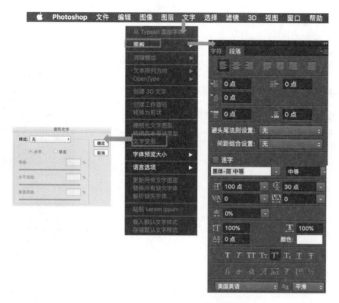

图 10-11　文字工具编辑面板　　　　　　　　　　图 10-12　文字变形效果

10.2　绘图工具

10.2.1　矩形工具

使用 Photoshop 中的"矩形工具"可以绘制任意长度和宽度的矩形。选取矩形工具，在选项栏中可以对填充颜色、长度进行设置，如图 10-13 所示。

图 10-13　矩形工具参数

在选项栏中有"形状""路径""像素"三种模式（见图 10-14）。选取"形状"模式绘制矩形并填充颜色效果如图 10-15 所示，使用"形状"模式也可以对描边进行设置，改变颜色，改变描边的大小，包括样式等，使用"形状"模式的最大优势在于可以对绘制的形状外观进行修改，具有很强的编辑性。若选择路径模式，可以在画面上创建合适的路径效果。若选择像素模式，可以绘制矩形同时填充颜色。

图 10-14　矩形工具 3 种模式　　　　　　　图 10-15　"形状"填充效果

10.2.2 圆角矩形工具

利用"圆角矩形工具"可以绘制出带有弧度的圆角方形，它的设置和"矩形工具"相同，只是多了"半径"选项，可以用来控制圆角的弯曲程度。"圆角矩形工具"选项栏如图10-16所示，可通过该栏设置圆角矩形的弧度以及描边的虚实、描边段合并类型等。

图 10-16 "圆角矩形工具"选项栏

10.2.3 椭圆工具

利用"椭圆工具"可以绘制椭圆或者正圆形状，其在界面设计中一般用来制作按钮或进行形状修饰。其设置选项和使用方法与"矩形工具"基本一致，"椭圆工具"的选项栏如图10-17所示。

图 10-17 "椭圆工具"选项栏

使用"椭圆工具"绘制正圆形时，需按住 Shift 键。"椭圆工具"面板见图10-18。

图 10-18 "椭圆工具"面板

10.2.4 多边形工具

利用"多边形工具"可以绘制多边形图形，还可以对图形的边数和凹陷程度进行设置。"多边形工具"选项栏如图10-19所示。

图 10-19 "多边形工具"选项栏

在"多边形工具"选项栏中单击 ⚙ 按钮，选择不同的选项，其展示效果大不相同。具体效果如图 10-20~图 10-24 所示。

图 10-20　多边形效果　　　　　　　　　　　图 10-21　星形效果

图 10-22　星形 + 平滑缩进效果　　　　　图 10-23　平滑拐角 + 星形 + 平滑缩进效果

图 10-24　平滑拐角 + 星形效果

10.2.5　直线工具

"直线工具"用于创建直线、虚线或者带有箭头样式的线段，该工具选项栏有形状、路径和像素三种选择模式，如图 10-25 所示。

图 10-25　"直线工具"选项栏

在"直线工具"选项栏中，单击 ⚙（设置）按钮，可以打开"直线工具"面板，设置线段的起点和终点，包括宽度、长度和凹度，如图 10-26 所示。

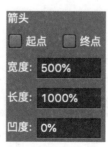

图 10-26　"直线工具"面板

10.2.6　自动形状工具

利用"自动形状工具"可以绘制更加复杂的图形，Photoshop CC 为用户提供了较多的预设选择。其选项栏如图 10-27 所示。它的基本操作与之前的"矩形工具""椭圆工具"没有太大的差别，仅多出一个"形状"选择器。

图 10-27　"自动形状工具"选项栏

单击"形状"按钮，可以选择想要绘制的图形形状（见图 10-28），如果是预设中没有的选项，可以单击🔘按钮，选择"载入形状"选项，打开"载入"对话框，就可以选择需要的形状载入到当前的形状选取器中。

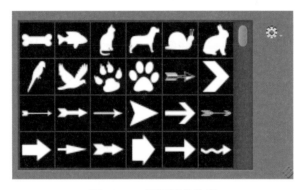

图 10-28　图形形状选项

10.2.7　钢笔工具

在制作界面时，如果之前的绘图工具不能满足需要，那么，我们可以选择使用"钢笔工具"来自定义绘图。使用"钢笔工具"可以绘制各种各样的路径，同时也可以对原有的路径进行修改，其选项栏如图 10-29 所示。

图 10-29　"钢笔工具"选项栏

在使用"钢笔工具"勾勒出大致的外轮廓之后，通过切换"转换点工具"可以调整路径锚点线段的弯曲程度以及线段的方向，此时，直点锚点变为平滑点锚点。

10.3　质感提升工具

在制作界面时，通常会为绘制的图形添加肌理效果，使其更加具有质感和设计感。Photoshop CC 中具有
10 种图层样式，可以对图像的纹理、色彩、光泽进行修改，同时保留图层中图像的原始属性。在菜单栏中选
择"窗口"→"图层"命令，打开图层样式面板入口，单击 fx. 按钮（见图 10-30），即可弹出"图层样式"对
话框（见图 10-31）。

图 10-30　图层样式面板入口

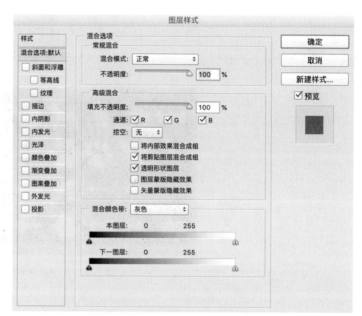

图 10-31　"图层样式"对话框

10.3.1　斜面和浮雕

"斜面和浮雕"是 Photoshop CC 中最为
复杂的图层样式，在众多的图层样式中，"斜
面和浮雕"是使用率最高的，相对来说也不
易掌握。"斜面和浮雕"样式由"结构"和"阴
影"两个部分组成（面板见图 10-32）。结构
样式中有外斜面、内斜面、浮雕效果、枕状
浮雕和描边浮雕 5 种效果。

1."结构"选项区

在"结构"选项区中包含了多个设置选
项，主要用于浮雕效果的外形设计。其方法

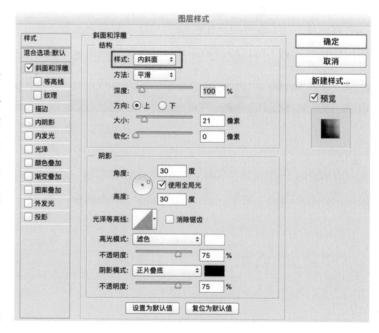

图 10-32　斜面和浮雕样式选择

包括平滑、雕刻清晰、雕刻柔和，其中的"深度""方向""大小"和"软化"选项可根据设计需要进行更改。

2."阴影"选项区

"阴影"选项区用于调节浮雕效果上的阴影效果。在该选项区中通过调节高光、阴影模式，以及光泽等高线、角度和高度，来使浮雕呈现理想的效果。

3."等高线"和"纹理"选项

利用"等高线"选项可以添加更加丰富的设计效果；"纹理"选项则用来给图层添加材质效果。

10.3.2 描边

"描边"选项设置简单，其面板如图10-33所示。其中，利用"大小"选项可以控制描边的粗细，利用"位置"选项可以设置描边的具体位置。

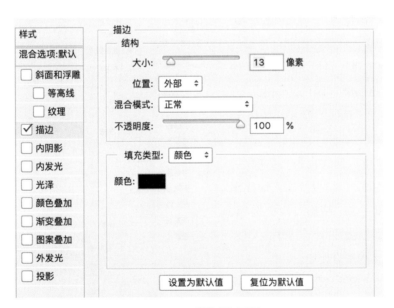

图 10-33 "描边"面板

在"描边"面板中，利用"不透明度"和"混合模式"选项可以设置描边所呈现出来的透明程度和轮廓色与下方图层的混合方式。另外，利用"填充类型"选项可以控制描边的填充，除了颜色之外还可以填充渐变或其他图案。

10.3.3　内阴影

添加内阴影可以使图像具有凹陷的视觉效果。图 10-34 所示为"内阴影"面板，在"内阴影"面板中，"距离"选项的像素越大，所显示出的阴影宽度就越大；而"大小"选项的像素越大，所显示出来的虚化效果也就越大。

在"品质"选项区中，我们可以通过调节"等高线"选项设置内阴影的效果外观，制作界面时，也是靠这个工具来指定内阴影的效果样式；利用"消除锯齿"选项对内阴影的边缘像素进行平滑操作；也可以利用"杂色"选项来为内阴影添加杂点效果。

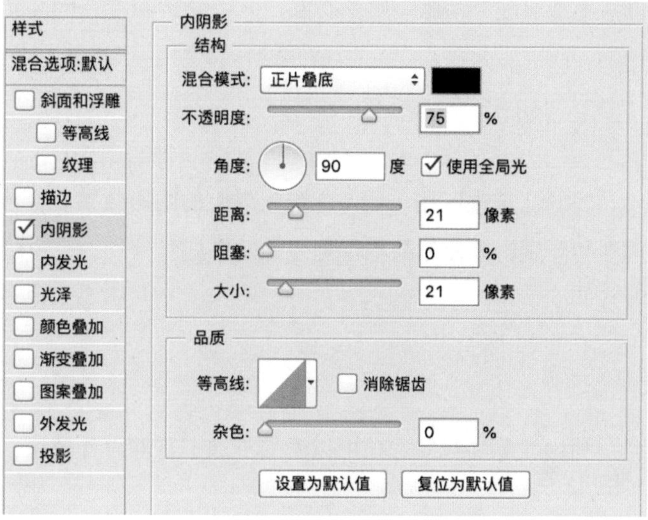

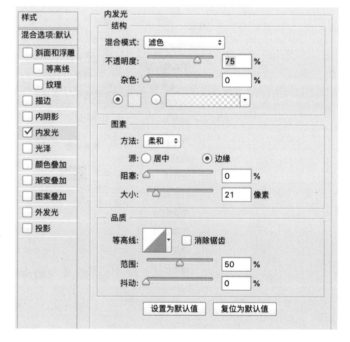

图 10-34　"内阴影"面板

10.3.4　内发光

"内发光"的效果就像是多了一层虚化柔光，它围绕着图像下边缘分布，就像是照明灯外围的一圈光源一样。在"内发光"面板中可以选择的参数有"混合模式""不透明度""杂色""颜色""方法""大小""等高线"和"范围"等，如图 10-35 所示。

选择"颜色"选项可以修改内发光的颜色。单击"方法"下拉列表框，可以设置图素的显现效果，其中包含"柔和"和"精确"两个选项。设置"源"可以改变效果显现的位置。另外，"大小"和"阻塞"选项应根据需要配合使用。

"品质"选项区中的"等高线"可以决定"内发光"的曲折度和浓淡，但制作"抖动"效果的前提是在颜色中具有多种颜色的渐变色。

图 10-35　"内发光"面板

10.3.5　光泽

"光泽"选项一般用来在图层上方添加波浪形或绸缎状的效果，也可以将"光泽"效果理解为光线照射下的反光度比较高的波浪表面，图 10-36 所示为"光泽"面板。在默认状态下，修改面板中的"混合模式"为"正常"，背景为白色，"不透明度"为 46%，"角度"为 90 度，"距离"为 46，"大小"为 115。

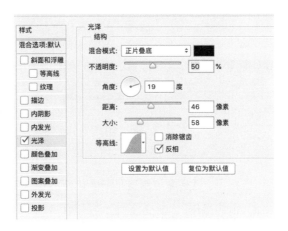

图 10-36　"光泽"面板

应用"光泽"样式后的效果会随着图层中对象轮廓的不同而不同，即使设置相同的参数，展现出来的视觉效果差异也很大。

另外，在"光泽"面板中，"颜色"选项用于控制"光泽"的颜色，当"混合模式"修改为"正常"时，"颜色"的效果更加明显，见图 10-37。

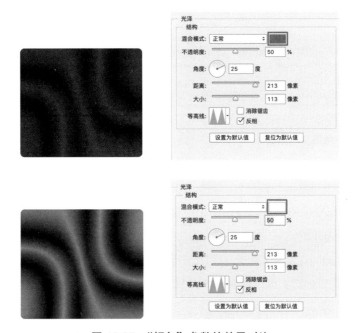

图 10-37　"颜色"参数的效果对比

"光泽"面板中的"距离"选项用于调整样式光环中两组光环的距离，但由于光环显现的部分并不完整，只有设置恰当的参数，才能使光环逐渐靠近。

"大小"选项用于调整光环的宽度，参数越大，每组光环的宽度就越宽，反之则越窄。

"等高线"选项用来调整光环的数量，与"内发光"和"内阴影"一样，"光泽"也可以使用该选项进行编辑。

10.3.6 颜色叠加

"颜色叠加"的效果等同于给对象重新着色，也可以认为是在该图层上添加了一个"正常"混合模式，面板见图 10-38。

10.3.7 渐变叠加

"渐变叠加"的原理与"颜色叠加"相同，只是虚拟图层是渐变色而不是色块。其样式选项和设置基本与"颜色叠加"一样，具体步骤可参考 10.3.6 节的操作。"渐变叠加"与"颜色叠加"相比，多出了"渐变""样式""角度"和"缩放"选项，其面板如图 10-39 所示。

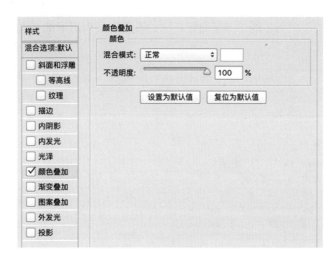

图 10-38 "颜色叠加"面板　　　　　　　　图 10-39 "渐变叠加"面板

渐变编辑器中，有已经设置好的"预设"，当然也可以通过自定义来选择渐变色彩。

"缩放"选项用来截取渐变色的特定部分作用于虚拟层上，其数值越大，所截取的渐变色范围越小；其数值越小，则所截取的渐变色范围越大。

值得注意的是，在 Photoshop CC 中有一个专门用于填充渐变色的工具，该工具的使用后效果与"渐变叠加"类似。不同的是，"渐变叠加"的样式可以随时修改，具有很强的编辑性，且十分灵活。

10.3.8 图案叠加

使用"图层样式"中的"图案叠加"选项可以快速处理纹理和图案。打开"图案叠加"面板，如图 10-40 所示。"图案叠加"中的"混合模式"效果同之前其他样式的"混合模式"效果基本类似。单击"图案"选项，弹出快捷菜单，除了已有的预设图案，也可以从电脑文件中载入其他图案用于填充。"缩放"选项用于控制图案的大小，数值越大，图案越大，反之越小。

10.3.9 外发光

运用"外发光"样式可以制作出图像边缘向外发光的光芒效果。"外发光"面板见图 10-41。

"结构"选项区中,"混合模式"参数影响上下图层的混合关系,一般默认状态为"滤色";"不透明度"参数用于控制光芒的不透明度,参数值越大,光线越强;"杂色"参数用来为光芒随机添加透明点;"颜色"参数则用于设置光芒的颜色。

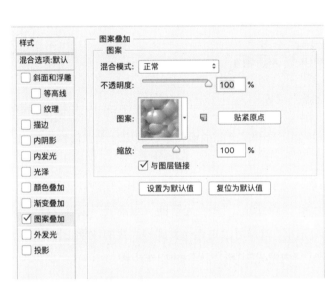

图 10-40 "图案叠加"面板   图 10-41 "外发光"面板

"图素"选项区主要用来设置光芒的大小,由"扩展"和"大小"选项配合使用确定;"方法"选项中包含"柔和"和"精确"。

"品质"选项区用来调整"外发光"的细节,其中"范围"选项控制"等高线"的作用范围,调整"范围"选项如同建立一个新的"等高线",并且更加精确。"抖动"选项为光芒随机添加颜色点,为了使抖动效果更加明显,光芒至少要有两种颜色。

10.3.10 投影

添加"投影"样式,图层对象的下方就会出现如同影子的效果。其"混合模式"不需要修改,一般来说都会默认为"正片叠底"(见图 10-42)。

"不透明度"选项用于设置阴影的不透明程度,通常来说并不需要大幅度调整。当需要阴影的颜色较深时,增大数值即可;需要阴影较浅时,则缩小数值。

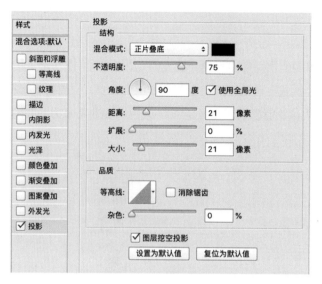

图 10-42 "投影"面板

改变"角度"可以调整阴影的方向,"距离"选项则控制阴影和层之间的偏移量,数值越大,偏移得越远,越小则越近。

"扩展"选项用来设置阴影的大小,数值越大,阴影的边缘就会显得越模糊,反之边缘越清晰。

"品质"选项区中的"等高线"设置与之前的"内阴影""内发光""外发光"的"等高线"设置一样,如果不好理解"等高线",可以取消选中"图层挖空阴影"复选框,这样可以更容易看到等高线的效果。另外,"杂色"的设置也与之前样式的设置无异,皆可参考"内阴影""内发光""外发光"的操作步骤。

推荐阅读文献

[1]　高金山 . UI 设计必修课:游戏 + 软件 + 网站 +App 界面设计教程 [M]. 北京:电子工业出版社,2017.

[2]　蒋珍珍 . Photoshop 移动 UI 设计从入门到精通 [M]. 北京:清华大学出版社,2017.

课后练习

1. 使用绘图工具绘制一个图形,并尝试给它加上一些质感,例如金属或霓虹灯等效果。

2. 尝试用本章的方法创建蒙版,区分图层蒙版之间的差别。

第 11 章　综合实战应用——界面美化设计

本章重点： 使用 Photoshop CC 进行界面设计。

教学目标： 通过本章的学习，能根据需求设计出不同风格的界面。

课前准备： 读者可在课前分类整理不同风格的界面，进行制作准备。

教学硬件： 多媒体教室、计算机教室。

学时安排： 本章建议安排 8~12 个课时，任课教师可根据实际需要安排。

11.1 工具类 App 界面设计

本节练习线性渐变风格天气 App 界面设计。

1. 制作主界面

（1）新建一个宽度为 750px、高度为 1334px、分辨率为 72dpi，颜色模式为 RGB 的 PSD 文件。

（2）单击"新建图层"按钮，使用"油漆桶"工具并选择合适的颜色填充新图层背景，如图 11-1 所示。

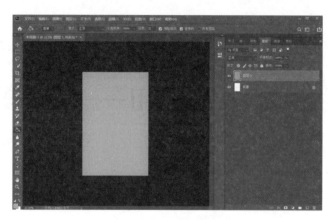

图 11-1　油漆桶填充

（3）选择"图层"→"新建填充图层"→"渐变填充"命令，建立渐变填充图层，如图 11-2 所示。注意在设置"渐变填充"时，设定样式为"直线"，角度为 90°，选中"与图层对齐"复选框。

（4）放置手机信号、日期、电量等小图标在顶部，新建图层，拖移"矩形选框工具"并选择适当选区，如图 11-3 所示。

图 11-2　建立渐变填充图层

图 11-3　新建图层建立选区

（5）选择"渐变工具"，设置样式"前景色到透明渐变"，渐变类型为"实底"，平滑度为100%。同时在操作面板中选择"线性渐变"，然后由上至下拖移工具，完成顶部的一个渐变过程（见图11-4）。

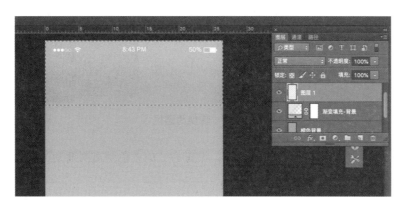

图 11-4　渐变操作效果

（6）按照 iPhone 6 的规范，选择"窗口"→"新建参考线"命令，在水平位置1.41cm 和 4.52cm 两处设置水平参考线，在竖直位置1.07cm 处设置垂直参考线，根据参考线，可以有效地控制其他元素的位置，保证其在正确的规范之下。

（7）选择"椭圆工具"绘制一个正圆形，并填充适当的颜色，然后使用图层样式，添加一个"外发光"样式营造出太阳光晕的感觉（见图11-5）。

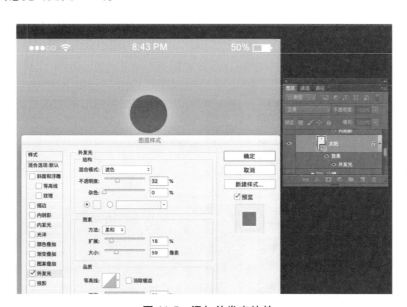

图 11-5　添加外发光特效

（8）新建图层，并使用"钢笔工具"勾勒出白云的外部轮廓，选择图层面板中的"路径"选项，单击虚线圈使其变为选区（见图11-6）。

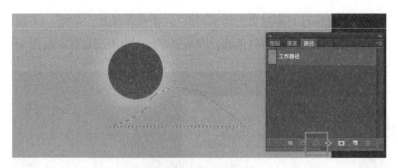

图 11-6 转换为选区

（9）修改"前景色"为白色，选择"渐变工具"，设置为"前景色到透明渐变"并填充白云选区，接着复制该图层，根据需要调整大小和透明度（见图 11-7）。

图 11-7 复制图层调整

（10）按照第（8）步的方法绘制山峰。并新建一个图层，使用"矩形工具"绘制湖面（见图 11-8）。

（11）新建图层，选择"多边形套索工具"，用直线勾勒船身并填充色彩（见图 11-9）。

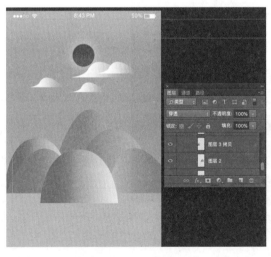

图 11-8 绘制湖面

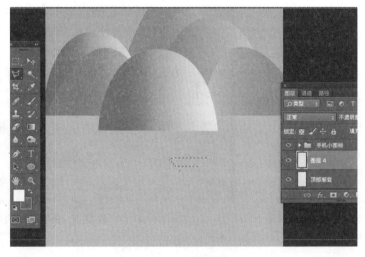

图 11-9 绘制小船

（12）使用"钢笔工具"绘制船帆，缩小其中一个船帆，给小船帆添加内阴影效果，使两个船帆看起来更有层次（见图 11-10）。

（13）选择"直线工具"，在其面板中调整好参数和颜色之后（注意这里需要去掉描边），添加小船旁的波浪（见图 11-11）。

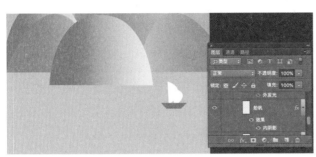

图 11-10　船帆加内阴影效果

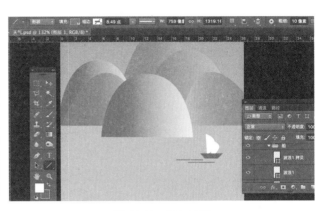

图 11-11　添加波浪

（14）继续使用"直线工具"，绘制天气栏的三条白色直线。

（15）单击"横排文字工具"，输入需要的文字和数据（见图 11-12）。

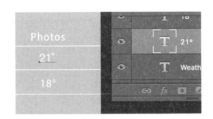

图 11-12　输入文字

（16）从文件中拖入矢量文件"太阳"和"多云"，并添加"颜色叠加"，使图标的颜色与文本一致（见图 11-13）。

（17）使用"矩形工具"拖移出两个大小不等的矩形，并填充白色。之后，调整大矩形的不透明度，使其呈现出透明状态。为了使文本"Weather"更为明显，可将其字体颜色调整到与背景颜色相同（见图 11-14）。

图 11-13　调整图标

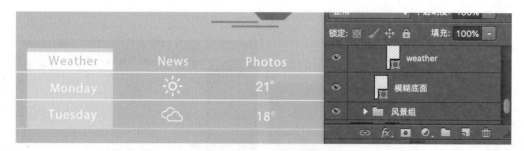

图 11-14　调整文字效果

（18）添加其他手机图标。

2. 最终效果展示

最终效果图如图 11-15、图 11-16 所示。

图 11-15　效果图 1

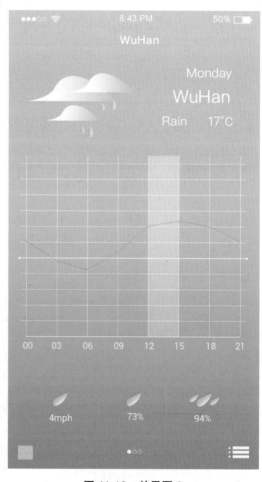

图 11-16　效果图 2

11.2　生活类 App 界面设计

11.2.1　扁平风格健康 App 界面设计

1. 制作主界面

（1）新建一个宽度为 750px、高度为 1334px、分辨率为 72dpi、颜色模式为 RGB 的 PSD 文件。

（2）设置水平参考线 1.41cm 和 4.52cm，垂直参考线 1.07cm 和 43.6cm。

（3）选择"矩形工具"，拖移出一个宽为 367px、高为 362px 的矩形，并填充适当颜色（见图 11-17）。

（4）复制该图层，依次修改颜色之后排列在背景图层之上（见图 11-18）。

（5）选择"圆角矩形工具"，设置圆角像素为 10px，勾勒出相机底部形状。

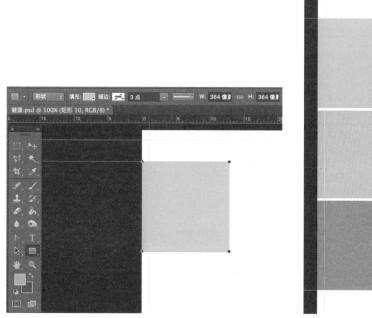

图 11-17　绘制矩形填充

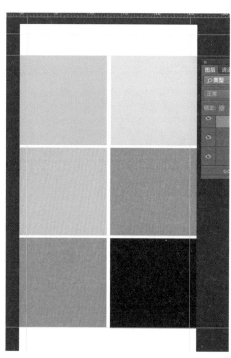

图 11-18　复制矩形框修改颜色

（6）按照相同的方法使用"圆角矩形工具"画出相机的快门和其他零件，使用"椭圆工具"画出相机镜头，注意镜片图层要位于最上面（见图 11-19）。

（7）按住 Shift 键，右击，从弹出的快捷菜单中选择"合并形状"命令，图标即制作完成。

（8）选择"横排文字工具"添加标题（见图 11-20）。

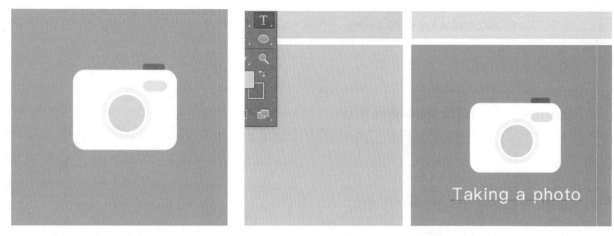

图 11-19　绘制相机镜头　　　　　　　　　　　　图 11-20　使用文字工具添加标题

（9）一些结构较为简单的图标可以使用"矩形工具"和"椭圆工具"绘制，形状复杂的图标可以导入其他矢量形状帮助绘制。在选择适当的方法之后，可以依次完成剩下的图标（见图 11-21）。

图 11-21　完成其他图标

（10）拖入手机图标，对颜色不符合整体风格的图标添加"颜色叠加"（见图 11-22）。

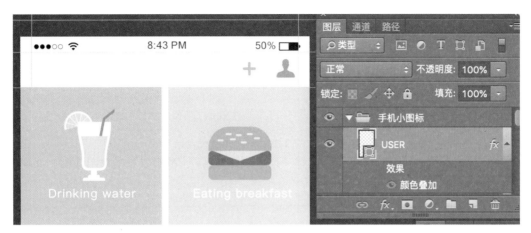

图 11-22　调整颜色

2. 最终效果展示

最终效果图如图 11-23、图 11-24 所示。

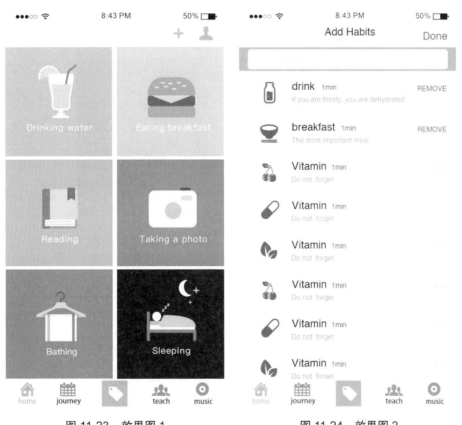

图 11-23　效果图 1　　　　　图 11-24　效果图 2

11.2.2 卡片投影风格烹饪 App 界面设计

1. 制作主界面

（1）新建一个宽度为 750px、高度为 1334px、分辨率为 72dpi、颜色模式为 RGB 的 PSD 文件。

（2）从文件中找到"餐饮"图片，打开。

（3）将图片拖入新建文件当中，新建一个图层，填充背景为黑色，修改其透明度为 49%，并将该图层置于图层 1 之上（见图 11-25）。

（4）使用"矩形工具"绘制白色卡片。

图 11-25　新建填充图层

（5）为了增加卡片的真实感，在其上分别添加"渐变叠加"和"投影"样式（见图 11-26、图 11-27）。

图 11-26　渐变叠加效果

图 11-27　投影效果

（6）用"矩形工具"拉出一个比白色卡片稍微小一点的矩形（见图 11-28）。

（7）复制"餐饮"图片，将该图层放置于图层"矩形 1"之上，同时按下 Alt+Ctrl+G 键，为"矩形 1"图层创建剪切蒙版如图 11-29 所示。

图 11-28　添加小矩形

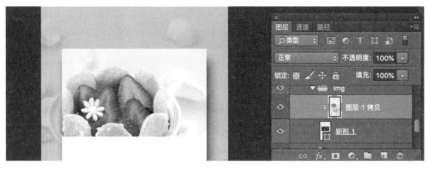

图 11-29　复制图片

（8）按照相同的方法，制作左右滑动的食品图层，效果图见图 11-30。

（9）使用"横排文字工具"编辑所需要的文本（见图 11-31）。

图 11-30　完成效果

图 11-31　编辑文本

（10）拖入手机图标，将每个图标的不透明度改为 20%（见图 11-32）。

（11）将刷新键图标添加"颜色叠加"并用"矩形工具"为图标添加白底（见图 11-33）。

（12）选择"矩形工具"，在面板中去掉填充，选择描边，并选择适当的颜色，拉出矩形（见图 11-34）。

图 11-32　增加图标

图 11-33　添加白底

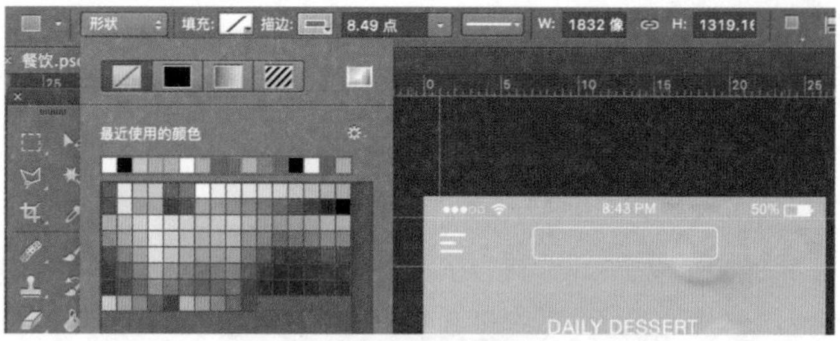

图 11-34　矩形边框

（13）同理，在面板中去掉描边，选择填充，拉出一个面积比描边框小一半的填充矩形。

（14）在矩形框中输入文本（见图 11-35）。

图 11-35　输入文本

2. 最终效果展示

最终效果图如图 11-36 所示。

图 11-36　最终效果

11.2.3 半透明线条感音乐 App 界面设计

1. 制作主界面

（1）新建一个宽度为 750px、高度为 1334px、分辨率为 72dpi、颜色模式为 RGB 的 PSD 文件。

（2）渐变填充，颜色为 A9C0DD 渐变至 A98EB7。

（3）用"椭圆工具"绘制正圆（见图 11-37）。

（4）打开"唱片"图片，并使其位于椭圆图层之上，做剪切蒙版，如图 11-38 所示（步骤参考 10.1.2 节）。

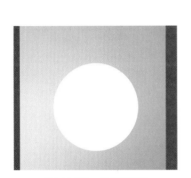

图 11-37　绘制正圆

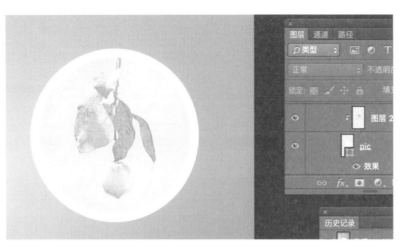

图 11-38　加入图片

（5）重新绘制一个更大的正圆，在面板中去掉描边和填充（见图 11-39）。

（6）为这个透明椭圆添加一个"渐变叠加"（见图 11-40）。

图 11-39　绘制大外圆

图 11-40　外圆渐变叠加

（7）继续使用"椭圆工具"绘制一个小的正圆。在面板中选中描边，并填充适当颜色（见图 11-41）。

（8）选择"直线工具"在面板中去掉描边，拉出一条直线，并修改不透明度为 50%（见图 11-42）。

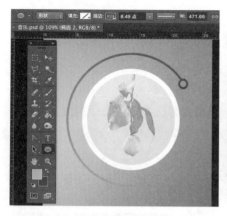

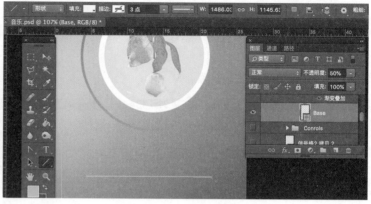

图 11-41　绘制小正圆　　　　　　　　　　　图 11-42　绘制直线

（9）再次使用"直线工具"勾勒一条直线，在图层样式上增加一个"渐变叠加"（见图 11-43）。

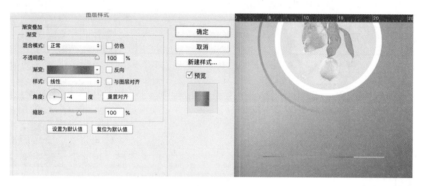

图 11-43　直线添加图层样式

（10）绘制正圆，添加描边样式（见图 11-44）。

（11）拖入手机图标，如图 11-45 所示。

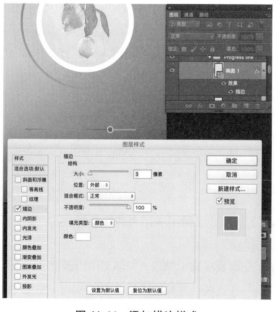

图 11-44　添加描边样式　　　　　　　　图 11-45　拖入图标

（12）使用"横排文字工具"添加文本（见图 11-46）。

（13）给文本添加适当背景，使文字更加突出。

图 11-46　添加文本

2. 最终效果展示

最终效果如图 11-47、图 11-48 所示。

图 11-47　效果图 1

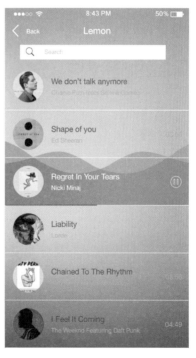

图 11-48　效果图 2

推荐阅读文献

[1] 孙芳 . App UI 设计手册 [M]. 北京：清华大学出版社，2018.

[2] 拉杰·拉尔 . UI 设计黄金法则：触动人心的 100 种用户界面 [M]. 北京：中国青年出版社，2014.

课后练习

1. 选择本章中任意一个案例进行练习。

2. 结合本章中的设计风格，自己尝试制作一个不同风格的界面。

第12章 界面动态效果制作

本章重点：了解并熟悉界面设计中的动态效果。

教学目标：通过本章的学习，了解界面动态效果设计方法和过程。

课前准备：读者可在课前分类整理不同动态效果类型，进行制作准备。

教学硬件：多媒体教室、计算机教室。

学时安排：本章建议安排8个课时，任课教师可根据实际需要安排。

界面动态效果在界面设计与制作中越来越受到重视，界面动态效果一般通过 GIF 动画表达，因为 Adobe 公司的 After Effects（AE）软件不能直接导出 GIF 格式文件，所以常和 Photoshop 相结合，制作用于界面动态效果的 GIF 动画文件，较快速地实现动态演示特效。本章只给出在 AE 和 Photoshop 软件平台上制作两个小动效的简洁步骤，以此起到抛砖引玉的作用。

12.1　猴子跑动动态效果制作

猴子跑动动态效果截图见图 12-1，本节介绍动效的制作过程。

图 12-1　猴子跑动动效截图

猴子跑动动态效果源文件

（1）使用 Photoshop 绘制动效元素，保存为 PSD 源文件，见二维码中文件"加载动画 - 猴跑 .psd"，截图如图 12-2 所示。

（2）在 AE 中导入 PSD 文件，导入类型选择"合成 - 保持图层大小"（见图 12-3），保持原始素材大小，设置动效时间，约在 5~10s。

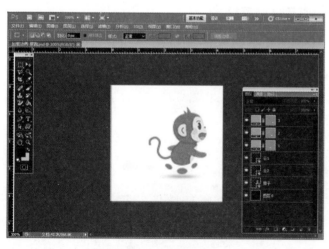

图 12-2　保存原文件

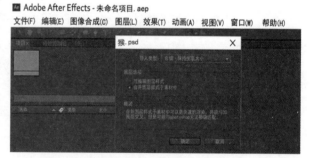

图 12-3　导入 After Effects

（3）在 AE 中制作猴子跑动和背景云移动的动画，制作猴子跑动时主要设置猴子脚的位移变化，具体参数可参考源文件"跑 2.aep"，截图如图 12-4 所示。

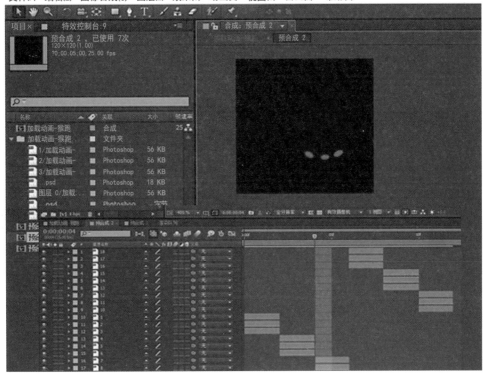

图 12-4　制作移动动作

（4）动画制作完成后，按"Ctrl+M"键导出，导出格式有 JPEG 序列和 PNG 序列（有背景色用 JPEG 序列，透明用 PNG 序列），如图 12-5 所示。

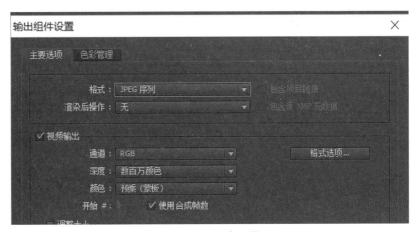

图 12-5　导出设置

（5）在 Photoshop 中打开序列文件，选择任何一帧，选中图像序列，如图 12-6 所示。单击"打开"按钮后，弹出帧速率对话框，设置速率为每秒 25 帧，如图 12-7 所示。

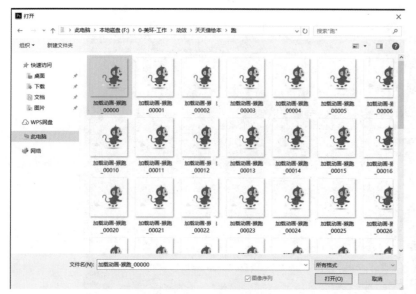

图 12-6　PS 导入序列　　　　　　　　　　　　　　图 12-7　设置帧速率

（6）在 Photoshop 菜单栏"窗口"中打开时间轴面板，如图 12-8 所示，可以预览、修改动画每帧的细节。

（7）在 Photoshop 中按快捷键 Ctrl+Shift+Alt+S，导出 GIF 动画文件"加载动画 - 猴跑 .gif"。参数设置中，选中"透明度"，杂边设置为"无"，仿色设置为"100%"，循环选项选择"永远"，如图 12-9 所示，单击"存储"按钮，完成存储。

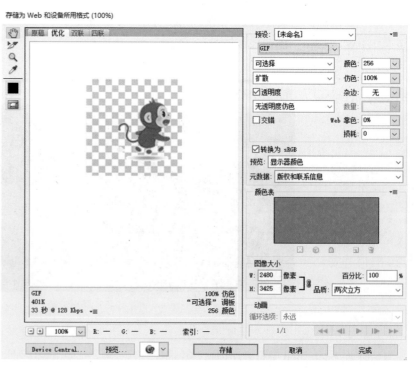

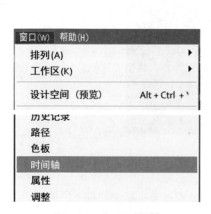

图 12-8　打开时间轴　　　　　　　　　　　　　　图 12-9　导出 GIF

12.2 启动页动态效果制作

本节练习启动页动态效果的制作方法，截图如图 12-10 所示。

启动页源文件

图 12-10 启动页

（1）使用 Photoshop 绘制动效元素，保存为 PSD 源文件，见二维码中文件"启动页 .psd"，截图如图 12-11 所示。

（2）在 AE 中导入 PSD 文件，导入类型选择"合成 - 保持图层大小"（见图 12-12），保持原始素材大小，设置动效时间，约在 5~10s。

 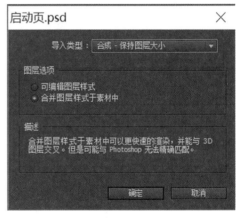

图 12-11 保存原文件

图 12-12 PSD 文件导入 After Effects

（3）在 AE 中制作球（见图 12-10 前方绿色小球）的弹跳动画，截图如图 12-13 所示；通过设置关键帧差值制作叶子放大动画。具体参数可参考源文件"启动页 .aep"，截图如图 12-14 所示。

（4）按"Ctrl+M"键导出序列（透明用 PNG 序列，有背景色用 JPEG 序列）。

（5）在 Photoshop 中打开序列文件，选择任何一帧，选中图像序列。单击"打开"按钮后，弹出帧速率对话框，设置速率为每秒 25 帧。

（6）在 Photoshop 菜单栏"窗口"中打开时间轴面板，可以预览、修改动画每帧的细节。

（7）在 Photoshop 中按快捷键 Ctrl+Shift+Alt+S，导出 GIF 动画文件"启动页 .gif"。参数设置中，选中"透明度"，杂边设置为"无"，仿色设置为"100%"，循环选项选择"永远"，完成存储。

图 12-13　设置移动动画

图 12-14　设置叶子动画